U0740315

基础化学实训

JICHU HUAXUE SHIXUN

第二版

戴静波　　田宗明　　主编

张　斌　　主审

化学工业出版社

·北京·

内容简介

本书由中国职业技术教育学会医药专业委员会组织编写。本书采用模块化、项目化教学模式将教学内容分为六个模块。介绍了化学实训的常规知识、化学实训常用仪器及基本操作技术、化学分析实训、仪器分析实训、物理化学参数测定实训、综合性及设计性实训，共 10 个项目、44 个实训及 2 个实训考核项目。内容着力体现从基础性到综合性再至设计性实训内容的编排思想。

本书可作为高等职业院校医药、化学、化工、材料、轻工、食品、生物工程等专业的教材，也可供应用型本科院校相关专业的师生参考，学习内容可根据教学进度选取。

图书在版编目（CIP）数据

基础化学实训 / 戴静波，田宗明主编；张斌主审. —— 2 版. —— 北京：化学工业出版社，2025.7. —— （高等职业教育系列教材）. —— ISBN 978-7-122-48502-1

Ⅰ. O6

中国国家版本馆 CIP 数据核字第 2025KH8533 号

责任编辑：陈燕杰　　　　　　　　　装帧设计：王晓宇
责任校对：张茜越

出版发行：化学工业出版社
　　　　　（北京市东城区青年湖南街 13 号　邮政编码 100011）
印　装：河北延风印务有限公司
787mm×1092mm　1/16　印张 10¾　字数 274 千字
2025 年 8 月北京第 2 版第 1 次印刷

购书咨询：010-64518888　　　　售后服务：010-64518899
网　址：http://www.cip.com.cn
凡购买本书，如有缺损质量问题，本社销售中心负责调换。

定　价：39.00 元　　　　　　　　版权所有　违者必究

编写人员名单

主　　编　戴静波　田宗明

副 主 编　刘　悦　周俊慧　秦永华

编写人员　戴静波（浙江药科职业大学）

　　　　　田宗明（浙江药科职业大学）

　　　　　刘　悦（天津生物工程职业技术学院）

　　　　　周俊慧（浙江药科职业大学）

　　　　　秦永华（浙江药科职业大学）

　　　　　赵新梅（浙江药科职业大学）

　　　　　张雅娟（浙江药科职业大学）

　　　　　何苏萍（浙江药科职业大学）

　　　　　王　东（浙江药科职业大学）

　　　　　吴志恒（浙江药科职业大学）

主　　审　张　斌（浙江药科职业大学）

前　　言

党的二十大报告提出，"实施科教兴国战略，强化现代化建设人才支撑"，"坚持教育优先发展、科技自立自强、人才引领驱动，加快建设教育强国、科技强国、人才强国"，为高等职业教育的发展指明了方向。为此本书编者深入学习贯彻党的二十大精神，针对当前我国高等职业教育改革发展的新形势，总结了近年来教学改革和实践教学经验，并进行了课程改革和创新的一些尝试。将无机化学、分析化学、物理化学的基本操作技能训练、性质鉴定与含量测定等内容和各种实训方法，结合医药专业的应用需要，进行科学整合。本书采用模块化、项目化教学，主要面向医药、食品、化工、生物等高职高专院校及应用型本科院校。编写内容力求体现系统性、简洁性、实用性、综合性等特色，注重理论和实践的结合。本实训教材在教学过程和教学内容上，主要体现以下三方面特点。

1. 本实训教材在结构上适合学生层面，在内容选材上，结合专业，精选实训内容，密切结合医药类专业的应用需要。

2. 本实训教材侧重于帮助学生了解基础化学实训的操作知识，掌握基本实训操作技能，树立严谨细致的科学态度；综合性和设计性实训注重开拓学生研究视野，培养学生创新思维，提升学生学习兴趣，培养学生的实训综合应用能力。

3. 在实训后均列有实训记录表格及计算，便于学生在实训过程中记录数据。结合具体实训，加强学生实训数据处理及结果表达的训练。

本书由浙江药科职业大学戴静波、田宗明任主编；刘悦、周俊慧、秦永华任副主编。戴静波、田宗明统稿，张斌审稿。

在本书的编写过程中，得到编者所在学校各级领导和同事的大力支持和帮助，在此表示衷心的感谢。

由于编者水平和时间有限，书中难免有不妥之处，敬请专家和读者批评指正。

编者

目　　录

资源名称

模块一　化学实训的常规知识

项目一　实训室规则和安全知识

一、实训室规则

遵守实训室规则是防止意外发生，保证正常实训的基本要求。

1. 实训前认真预习，明确实训目的，理解实训原理，了解实训内容及注意事项；写好预习报告，列好表格，查好相关数据，以便实训过程中准确记录和数据处理。

2. 实训中要遵守纪律，听从实训带教老师的指导。严格按照要求，规范操作，仔细观察实验现象并及时记录。保持实训室和实训台面整洁，仪器药品放置有序，注意节约，按规定量取试剂。从试剂瓶中取出样品后不得再放入原瓶中，以免带入杂质。

3. 使用精密仪器时，要严格遵守操作规程，发现故障，立即停用并告知老师。

4. 实训结束后，及时将使用过的玻璃器皿洗刷干净，仪器复原，填写仪器使用登记卡，整理实训台面，并报告指导教师，经教师允许后方可离开实训室。每次实训后学生轮流值日负责打扫，保持实训室整洁和安全。

二、安全知识

1. 实训室安全守则

① 严格遵守实训室各项规章制度，保持实训室的整洁与安全，注意实训室台面和仪器的整洁。

② 注意安全，严格按照规范进行操作。避免浓酸、浓碱等腐蚀性试剂溅到皮肤、衣服或鞋袜上。稀释浓硫酸时，将浓硫酸沿玻璃棒缓慢注入水中，并不断搅拌，严禁将水倒入浓硫酸中；配制挥发性、刺激性溶液时应在通风橱中进行操作，禁止直接加热。装过强腐蚀性、易爆或有毒物质的容器，应由操作者及时清洗。

③ 实训过程中产生的毒性、腐蚀性废液不能直接倒入水槽，应按教师要求专门收集，统一无害化处理。

④ 禁止用手直接取用试剂，试剂切忌入口，实验器皿禁作食具。嗅闻气体时，鼻子不能直接对着试管口或瓶口，应采用扇闻的方法；离开实训室要仔细洗手。

⑤ 加热时，不能将容器口朝向自己或他人，不能俯视正在加热的液体。

⑥ 水、电、煤气等使用完毕后应立即关闭，离开实训室后应仔细关好水、电、煤气及门、窗等。

2. 实训室意外事故的急救处理

① 玻璃割伤：应先取出伤口中的玻璃碎片，在伤口处涂上碘酒，用纱布包扎；若伤情

严重，立即就医。

②　烫伤：伤势不重擦烫伤油膏；若伤势严重，立即就医。

③　酸灼伤：酸溅在皮肤上，先用大量水冲洗，再擦碳酸氢钠油膏；若为浓硫酸灼伤，先用棉布吸去皮肤上的酸液，再用大量流动的水冲洗至少 15min，冲洗后一般不用中和剂，必要时用 5% 碳酸氢钠溶液处理创面，中和后用大量流动的水冲洗，并立即就医；若酸溅入眼内或口中，用水冲洗后，再用 2% 碳酸氢钠溶液清洗，并立即就医。

④　碱溅伤：碱溅在皮肤上，立即用大量水冲洗，再用 2% 乙酸溶液或 5% 硼酸溶液清洗，涂凡士林或烫伤油膏；若溅入眼内或口中，用水冲洗后，立即就医。

⑤　误食有毒试剂：一般服用肥皂水或蓖麻油，并用手指插入喉部进行催吐，然后立即就医。

⑥　触电：立即切断电源，必要时对伤员进行人工呼吸。

⑦　火灾：一旦发生火灾，视可燃物性质选择灭火方法。若是有机液体着火，用湿抹布盖灭；若是木质或常见固体可燃物，可选择灭火器灭火；钠等活泼金属着火，应用砂子；电线着火，切断电源后用干粉灭火器，切记不能用水。

三、实训室的"三废"处理

化学实训尽可能选择对环境友好的实训项目，但在实训过程中难免产生废气、废液和废渣（"三废"），如直接排放"三废"，必然会对环境造成污染。因此在化学实训过程中有必要对"三废"进行合理处理，树立环境保护意识和绿色化学理念。

实训室应有符合通风要求的通风橱，实训过程中会产生少量有害废气的实训应在通风橱中进行，产生大量有毒、有害气体的实训必须具备吸收或处理装置，如二氧化氮、二氧化硫等酸性气体用碱液吸收。实训室废液包括有机溶剂废液（如甲苯、乙醇、乙酸、卤化有机溶剂废液等）、无机溶剂废液（如重金属废液、含汞废液、废酸液、废碱液等）。实训过程中，不能随意将有毒、有害废液倒进水槽及排水管道。不同废液按标签指示分门别类倒入相应的废液收集桶中，禁止将不相容的废液混装在同一废液桶内，以防发生化学反应导致爆炸。每次倒入废液后须立即盖紧桶盖，特别是含重金属的废液，须全部回收加碱或 Na_2S，使重金属离子生成难溶的氢氧化物或硫化物，过滤后的残渣按废渣处理，不能随意掩埋、丢弃；有毒、有害废渣，须放入专门的收集桶中；硫化氢气体有毒，涉及有关硫化氢气体的操作务必在通风橱中进行。操作结束必须仔细洗手。

项目二　化学实训用水

在化学实训中，洗涤仪器、配制溶液、溶解试样等都要用水。水分为自来水和纯水两种。洗涤仪器时，先用自来水冲洗，再用纯水刷洗内壁 2~3 次。

一、实训用水规格及技术指标

纯水是分析化学实训中最常用的纯净溶剂和洗涤剂，应根据所做实训对水质量的要求，合理地选用不同规格的纯水。我国实训室用水的国家标准（GB/T 6682—2008）规定了实训室用水的级别、技术指标、制备方法及检验方法，将分析化学实训室用水分为三个级别，见表 1-1。

表 1-1　实训室用水的级别和主要技术指标

技术指标	一级	二级	三级
pH 值范围(25℃)	—	—	5.0~7.5
电导率(25℃)/(mS·m^{-1})	≤0.01	≤0.10	≤0.50
电阻率(25℃)/(MΩ·cm)	≥10	≥1	≥0.2
可氧化物质含量(以 O 计)/(mg·L^{-1})	—	≤0.08	≤0.40
吸光度(254nm,1cm 光程)	≤0.001	≤0.01	—
蒸发残渣(105℃±2℃)含量/(mg·L^{-1})	—	≤1.0	≤2.0
可溶性硅(以 SiO$_2$ 计)含量/(mg·L^{-1})	≤0.01	≤0.02	—

二、水的选用

应根据实训对水质量的要求，合理选用适当级别的水，并注意节约用水。通常一级水用于严格要求的化学分析实训；仪器分析实训一般用二级水，如原子吸收光谱分析用水、高效液相色谱分析用水等；三级水用于一般的化学分析实训。

三、纯水制备方法

1．蒸馏法

将自来水用蒸馏器蒸馏可得到蒸馏水。蒸馏水仍含有一些杂质，如含有少量金属离子、二氧化碳等杂质。为了获得比较纯净的蒸馏水可进行重蒸馏。为消除蒸馏水中的有机物，可在硬质玻璃或石英蒸馏器中加入适量碱性高锰酸钾进行二次蒸馏，收集中段的重蒸馏水。

2．离子交换法

用离子交换法制取的纯水也叫"去离子水"或"脱离子水"，将自来水或普通蒸馏水依次通过阳离子交换树脂、阴离子交换树脂和阴阳离子混合交换树脂，分离除去水中的杂质离子。离子交换法得到的水比蒸馏水纯度高，操作技术较易掌握，成本比蒸馏法低，是目前化学实训室中最常用的方法。

3．电渗析法

电渗析法制纯水是利用离子交换膜的选择性，在外加直流电场作用下，应用阴、阳离子交换膜对溶液中离子的选择性透过而除去杂质离子的方法。

4．超纯水的制备

可采用超纯水制造装置来制备超纯水，以满足实训的要求。

项目三　试剂的基础知识

一、化学试剂的规格

我国主要国产标准试剂和一般试剂的等级及用途，见表 1-2。

表 1-2　化学试剂的规格、等级及用途

等级	名称	英文名称	符号	标签标志	主要用途
一等品	优级纯(保证试剂)	guaranteed reagent	GR	绿色	精密分析和科学研究
二等品	分析纯(分析试剂)	analytical reagent	AR	红色	一般分析和科学研究
三等品	化学纯	chemical pure	CP	蓝色	一般定性和化学制备
四等品	实验纯(医用)	laboratorial reagent	LR	棕色等	一般化学制备
	生物试剂	biological reagent	BR	黄色等	生物化学实验

二、化学试剂的使用

取用化学试剂时，先打开瓶盖（塞）并倒放在实验台上，若瓶塞是扁平的，可用手指夹住或放在洁净表面皿上，不可随意放置，以免沾污。取用试剂后应将塞子塞好，不要弄错盖子，将试剂瓶标签朝外放回原处。

1. 固体试剂的取用

固体试剂用干净的药匙取，药匙大、小头的选用恰当，用过的药匙立即用干净的纸擦干净才能再使用。化学试剂不能用手直接接触，必须用特定工具来取用，取出的试剂量尽可能不超过规定量，多余的试剂放入指定容器，不能放回原试剂瓶。

2. 液体试剂的取用

用倾注法取液体试剂时，取下瓶盖倒放在实验台上，右手拿试剂瓶，使试剂标签对着手心或朝向两侧，瓶口靠住容器壁，缓缓倒出需要量的试剂，如图 1-1 所示。倒完后，试剂瓶口应在容器壁上靠一下，以免液体沿外壁流下。

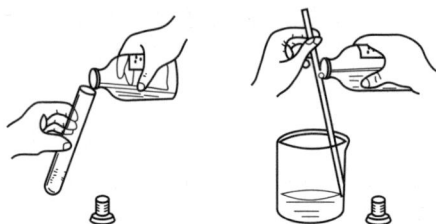

图 1-1　液体试剂的取用

往烧杯中加液体试剂时，必须通过玻璃棒引流注入，如图 1-1 所示。

如用量筒量取液体，需根据所取液体的体积选择一定规格的量筒。读数时，应将量筒放置于水平桌上或拿在手中自然下垂，量筒必须放平稳，应使视线与量筒内液体凹液面最低点保持水平。俯视时视线斜向下，视线与筒壁的交点在液面上，所读数据偏高，实际量取溶液值偏低；仰视时视线斜向上，视线与筒壁的交点在液面下，所读数据偏低，实际量取溶液值偏高。如图 1-2 所示。

用滴管从瓶中取用少量液体试剂时，不要只用拇指和食指捏着，需用中指和无名指夹住，用手指捏紧橡胶乳头，赶出滴管中的空气，然后把滴管伸入试剂瓶中，放开手指，试剂即被吸入。取液后的滴管应保持橡胶头在上方，不要倾斜，防止溶液倒流而腐蚀橡胶头。滴加液体时，保持垂直于容器正上方，切忌倒立，不可触碰到容器壁及内部，以免沾污滴管或造成试剂的污染，如图 1-3 所示。不要把滴管放在实训台或其他地方，以免沾污滴管。用过的滴管要立即用清水冲洗干净，以备再用。严禁用未经清洗的滴管再吸取其他的试剂（滴瓶上的滴管不要用水冲洗），不可一管两用。专用滴管不可清洗，需专管专用，用完立即放回

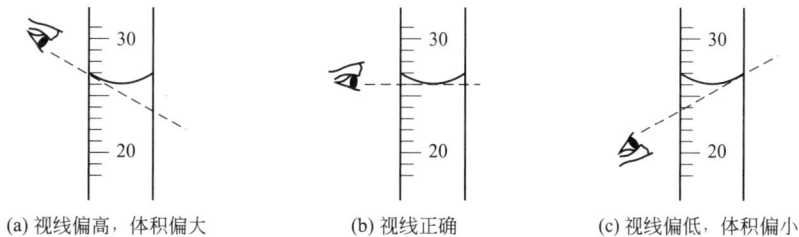

(a) 视线偏高，体积偏大   (b) 视线正确   (c) 视线偏低，体积偏小

图 1-2   量筒的读数

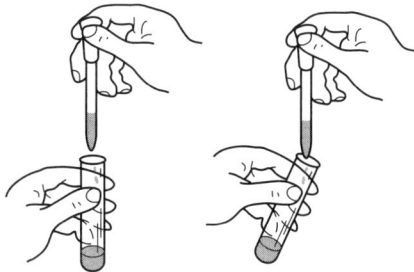

图 1-3   滴管的使用

原试剂瓶。

取用易挥发性试剂时，应在通风橱中进行。取用强腐蚀性或强毒性试剂时要注意安全，手不能直接接触，以免发生意外。

三、化学试剂的保管

一般试剂应保存在通风良好、洁净、干燥的房间，防止被水分、灰尘和其他物质沾污。所有试剂瓶上都应贴上标签，写明试剂名称、规格或浓度以及日期等。标签贴在试剂瓶的 2/3 高处。在分装过程中，禁止往试剂瓶中装入与标签不符的试剂，导致实训差错。

① 实训室分装化学试剂   一般将固体试剂装在广口瓶中。液体试剂或配制的溶液装在细口瓶或滴瓶中。

② 易爆的无机试剂   如高氯酸、过氧化物等应在低温处保存，移动或启用时不准剧烈振动。

③ 见光易分解的试剂如过氧化氢、高锰酸钾、草酸、硝酸银等要用棕色瓶存放；与空气接触易被逐渐氧化的试剂如氯化亚锡、硫酸亚铁、亚硫酸钠等，均应放置在避光阴凉处。

④ 容易侵蚀玻璃的试剂   如 NaOH、氢氟酸等应保存在塑料瓶内。

⑤ 遇水易燃烧的试剂   如钠、钾应保存在煤油中，电石等应存放于干燥处。

⑥ 剧毒试剂   如氰化物、砒霜、汞等应由专人保管，取用时严格登记。

⑦ 相互易作用的试剂   如挥发性的酸与氨、氧化剂与还原剂应分开存放；易燃的试剂如乙醇、乙醚、苯、丙酮，与易爆炸的试剂如高氯酸、过氧化氢、硝基化合物应分开放置在阴凉、通风、避光的地方。

四、试纸的使用方法

实训室常用试纸来检验某些溶液的性质或鉴定某些物质是否存在。常用的试纸有石蕊试纸、酚酞试纸、pH 试纸、淀粉-碘化钾试纸、乙酸铅试纸等。

pH 试纸包括广泛 pH 试纸和精密 pH 试纸，用来检测溶液的 pH 值。广泛 pH 试纸的

pH 变色范围是 0～14，用来粗略地测定溶液 pH 值；精密 pH 试纸可比较精确地测定溶液 pH 值，pH 变色范围为 2.7～4.7、3.8～5.4、5.4～7.0、6.0～8.0、8.2～10.0、9.5～13.0 等，根据待测溶液的酸碱性，可选用某一变色范围的精密 pH 试纸。

pH 试纸使用方法：取一小块 pH 试纸置于洁净点滴板上，用干净的玻璃棒蘸取待测液点于试纸中央，待试纸变色后，立即与标准色阶板比较，确定溶液 pH 值。

注意用 pH 试纸时，手和放 pH 试纸的点滴板必须洁净、干燥，不能将待测液倾倒在 pH 试纸上，将试纸浸泡在溶液中也是错误操作。

红色石蕊试纸遇碱，变蓝色；蓝色石蕊试纸遇酸，变红色。

项目四 溶液的配制及其操作

在化学实训中，因化学反应的性质和要求的不同，经常需要配制各种溶液，来满足实训的要求。常用的溶液主要有一般酸、碱及盐溶液，标准溶液和缓冲溶液。

一、一般溶液的配制

实训室一般溶液的配制是指非标准溶液，即浓度不需要十分准确的溶液。一般用化学纯或实验试剂配制溶液。配制时固体试剂用托盘天平或电子天平称量，液体试剂或溶剂用量筒量取。

二、标准溶液的配制

标准溶液是已知准确浓度的溶液。通常其配制方法有两种：直接法和间接法。

① 直接法：准确称取一定质量的物质，经溶解后定量转移到容量瓶中，并稀释至刻度，摇匀。配制标准溶液的物质必须是基准试剂或高纯试剂。

② 间接法：先粗配近似浓度的溶液，再用基准物质或已知准确浓度的标准溶液标定其准确浓度。大多数标准溶液不宜采用直接法。

标准溶液浓度的标定方法有两种：

① 用基准物质直接标定：准确称取一定量的基准试剂，溶解后用待标定的溶液进行滴定。根据基准试剂的量和待标定溶液的体积计算出标准溶液的准确浓度。

或者先将基准试剂在容量瓶中配制成一定浓度的溶液，然后用移液管准确移取一定体积，用待标定的溶液滴定。

② 用已知准确浓度的标准溶液标定：移取一定量待标定的溶液，用已知准确浓度的标准溶液滴定；或移取一定量已知准确浓度的标准溶液，用待标定的溶液滴定。根据标准溶液的浓度和两种溶液所消耗的体积，计算所标定溶液的浓度。这种方法简单，但是准确度不及直接标定法。

为了减少标定的误差，在操作过程中应注意：

① 基准试剂称取的量不宜太小。考虑到分析天平的称量误差为 $\pm 0.1\mathrm{mg}$，每次滴定称取的基准试剂应不少于 $100\mathrm{mg}$，才可以减少称量误差。

② 标定时所用标准溶液的体积不宜太小。标准溶液的消耗量，除另有规定外，应大于 $20\mathrm{mL}$，读数应估计到 $0.00\mathrm{mL}$。

滴定液在配制后应按《中华人民共和国药典》（简称《中国药典》）规定的贮藏条件，一般采用质量较好的具玻璃瓶塞的玻璃瓶。应在滴定液贮瓶外的醒目处贴上标签，写明滴定液名称及其浓度，并在标签下方加贴包含如下内容的表格，根据记录填写。

×××滴定液（×.××××mol·L^{-1}）

配制或标定日期	室温	浓度或校正因子(值)	配制者	标定者	复标者

项目五　实训数据的记录和实训报告

一、测定数据的取舍

在多次重复测量时，有时会出现一个数值明显偏离同一样本的其他分析结果，这个数据叫离群值（可疑值）。离群值若是由于过失原因产生应该舍弃，若是原因未确定则不能随意舍弃，而要用统计的方法做出判断，再决定取舍。常用的有 Q 检验法和 G 检验法。

1. Q 检验法

当测定次数 3～7 次时，将多次测量值按递增顺序排列为：

$$x_1, x_2, x_3, \cdots, x_{n-1}, x_n$$

其中 x_1 或 x_n 可能是可疑值。计算统计 $Q_{计}$ 值。

若 x_1 是可疑值，则

$$Q_{计} = \frac{x_2 - x_1}{x_n - x_1} \tag{1-1}$$

若 x_n 是可疑值，则

$$Q_{计} = \frac{x_n - x_{n-1}}{x_n - x_1} \tag{1-2}$$

按置信度 P 和测量次数 n，由表 1-3 查出 $Q_{表}$。

若 $Q_{计} \geqslant Q_{表}$，可疑值应舍去；若 $Q_{计} < Q_{表}$，可疑值应保留。

表 1-3　Q 值表

n	3	4	5	6	7	8	9	10
$Q_{90\%}$	0.94	0.76	0.64	0.56	0.51	0.47	0.44	0.41
$Q_{95\%}$	0.97	0.84	0.73	0.64	0.59	0.54	0.51	0.49

2. G 检验法

将多次测量值按递增顺序排列为：

$$x_1, x_2, x_3, \cdots, x_{n-1}, x_n$$

其中 x_1 或 x_n 可能是可疑值。计算统计 G 值。

计算包括可疑值在内所有测量值的平均值（$\overline{x}$）和标准偏差（S）。

若 x_1 是可疑值，则

$$G_{计} = \frac{\overline{x} - x_1}{S} \tag{1-3}$$

若 x_n 是可疑值，则

$$G_{计} = \frac{x_n - \bar{x}}{S} \qquad (1\text{-}4)$$

按置信度 P 和测量次数 n，由表 1-4 查出 $G_{表}$。

若 $G_{计} \geqslant G_{表}$，可疑值应舍去；若 $G_{计} < G_{表}$，可疑值应保留。

表 1-4 G 值表

n	3	4	5	6	7	8	9	10
$G_{95\%}$	1.15	1.46	1.67	1.82	1.94	2.03	2.11	2.18
$G_{99\%}$	1.15	1.49	1.75	1.94	2.10	2.22	2.32	2.41

二、有效数字及运算规则

在科学实验中不仅要准确地测定各类数据，还要正确地记录和计算，才能得到准确的测量结果。分析结果的数值不仅表示试样中被测组分含量的多少，而且还反映测定的准确程度。

1. 有效数字

有效数字是在分析工作中实际能测量得到的数字，包括全部准确测量的数字和最后一位可疑数字。其中最后一位可疑数字能反映测量仪器的精度。例如，万分之一的分析天平称某试样是 0.5025g，其中 0.502 是准确无误的，最后一位"5"即 0.5mg 是根据分析天平准确度 ±0.1mg 估计的，该试样质量为 (0.5025±0.0001)g。比如滴定液体积记录为 22.27mL，表明滴定管的一次读数误差是 ±0.01mL，消耗滴定液体积为 (22.27±0.01) mL，为四位有效数字。

确定有效数字的位数，要注意以下几点：

① 具体数字 1 至 9 均为有效数字，具体数字中间或之后的"0"也是有效数字。如 20.20mL 中的两个"0"均为有效数字；在具体数字之前的"0"不是有效数字，只起定位作用。如 0.0025 前面三个"0"都不是有效数字。

② 对数有效数字的位数只取决于小数点后面数字的位数，整数部分只相当于原数值的方次，不是有效数字。又如 pH=11.28、pK_a=4.75，有效数字均为两位。

③ 数学上的常数 e、π 以及计算中的倍数或分数、化学计量关系以及各类常数是非测量所得数字，应视为无误差数字或无限多位有效数字。

④ 有效数字首位数字等于或大于 8 时，其有效数字可多记一位。

⑤ 对于很小的数字，可以采用科学记数法，其中指数部分表示数字的大小，指数前的部分为有效数字。如 0.00034，可写成 3.4×10^{-4}。

2. 有效数字的修约及运算规则

（1）有效数字的修约

有效数字的修约，采用"四舍六入五留双"原则，该原则规定：

① 被修约数字小于或等于 4 时，舍去；等于或大于 6 时，进位。如 1.2337，修约为三位有效数字，应写成 1.23。

② 被修约数字等于 5 时，若 5 后还有不全为 0 的数字，则进位。5 后无数字或全为零，则看 5 前一位是奇数还是偶数，若为奇数，则进位；若为偶数则舍去。如 1.357121 修约为三位有效数字，应写成 1.36；1.3450 修约为三位有效数字，应写成 1.34。

③ 只允许对原数据一次修约至所需位数，不能分次修约。如 2.4556 修约为三位有效数字不能先修约为 2.456，再修约为 2.46。

另外，在计算偏差或误差时，通常只取一位有效数字，最多取两位有效数字，其结果采用使精密度降低的原则，即采用只进不舍。例如，某计算结果的标准偏差为 0.212，取两位有效数字，应修约为 0.22。

（2）有效数字的运算规则

① 加减运算：加减法的和或差的误差是以各数值的绝对误差来传递的，即若干个测量值相加或相减结果，以小数点后位数最少（即绝对误差最大）的数据为准。例如 $2.254 + 1.23 + 1.1 = 4.6$，计算结果以第三个数字 1.1 为依据。

② 乘除运算：乘除法的积或商是以各数值的相对误差来传递的。若干个测量值相乘或相除结果应以有效数字位数最少（即相对误差最大）的数据为准。例如：

$$6.625 \times 0.232 = 6.62 \times 0.232 = 1.53584 = 1.54$$

三、实训数据的记录和处理

实训数据的记录要有专门的实训记录本，并有页码，不得随意撕去。实训过程中认真记录测量数据和实验现象，不可随意记录在书上或纸上，必须实事求是，不得随意伪造数据。实训过程中如果发现数据记录错误或计算错误需要改动的，可将数据用一横线划去，在上方写上正确的数字，并由更改人在数据旁签字。实训过程涉及各种特殊仪器的型号和标准溶液浓度时，应及时准确记录。实训完毕后，将完整的实训数据记录交给实训指导教师检查并签字。

四、实训报告的基本格式

实训报告是实训教学的重要组成部分。实训完毕要及时认真地完成实训报告，在指定时间交给老师。实训报告一般包括以下内容：

① 实训名称和日期。

② 实训目的和要求。

③ 实训原理。简要地用文字和化学反应式说明。

④ 实训操作步骤，简明扼要写出。

⑤ 数据记录和处理。采用文字、表格、图形的方式将数据表示出来，根据实训要求计算分析结果和实训误差。

⑥ 问题讨论。对教材中的思考题和实训中观察到的现象以及产生误差的原因进行讨论和分析。

实训报告以简明而深入、清晰、整齐为佳。实训报告中的原理、表格及计算公式等要求在课前预习准备好。每次实训结束后应先将数据的结果交给指导教师审阅再进行计算，并撰写实训报告。

五、实训数据的处理及分析结果的表达

实训过程除正确记录实训数据外，还应对原始的实训数据进行科学的数学运算、归纳、整理和总结。实训数据的表达方法有列表法和作图法等，应显示实训数据间的相互关系、变化趋势等相关信息，反映各变量之间的定量关系。

1. 列表法

列表法是实训数据表达最常用的方法之一，将有关数据及计算按一定形式列成表格，简

单明了。在设计表格时要注意以下几点：

① 设计的每一个表格都应该有相对应的表格序号及表格名称，表格名称要具体简明。

② 在表格中每一行、每一列的第一栏都应该写出本行或本列数据的名称和单位。

③ 表格中记录的数据应用最简单的形式记录。公共的乘方因子应该在第一栏的名称下注明。

④ 表格中每一行的数字记录要排列整齐，如果有小数，小数点应对齐。

2. 作图法

作图法是将实训数据各变量之间的变化规律绘制成图，能够直观地反映实训数据间的变化规律。

作图之前先将实训测得的原始数据与处理结果用列表法表示出来。

① 坐标轴：以横轴代表自变量，纵轴代表因变量。在轴的中部注明物理量的名称符号及单位，单位加括号。横、纵坐标不一定从"0"开始，根据具体实训数据范围来确定。

② 比例尺度的选择：保证图上观测点的坐标读数的有效数字位数与实训数据的有效数字位数相同，即全部的有效数字都在坐标纸的刻度上表示出来，保证原则上与原始数据的精密度一致。因为曲线的形状随比例尺的改变而改变，合理地确定实训数据的倍数才能得到最佳的图形和实训结果，图形过大浪费纸张和版面；图形过小，当曲线有极大值、极小值或转折点时就不能很好地反映出来。在作图时使用的单位坐标格应代表变量的简单整数倍，例如用坐标1cm表示数量的1、2或5的倍数，不用3、7、9的倍数。尽量不使数据群落点偏上或偏下，不使图形细长或扁平。若作出的图是一条直线，直线与横坐标的夹角应为45°左右。对每个坐标轴，在相隔一定距离下用整齐的数字注明分度。

③ 描点：根据实训数据将各点画在图上。在点的周围以圆圈、三角、方块、十字等不同的符号在图上标出。要求点清晰，不能用图形盖过点。在一张图纸上表示几组不同的测量值时，应用不同的符号表示各组测量值的代表点，并在图上说明以便区分。描绘曲线需要有足够的数据点，点数太少不能说明参数的变化趋势和相应关系。对于一条直线，一般要求至少有4个点；一条曲线通常应有6个点以上。

④ 连曲线：连线时要纵观所有数据点的变化趋势，用曲线尺作出尽可能接近实验点的曲线，光滑、细而清晰。如系直线可用直尺。曲线不需要连接所有的点，但是尽可能地接近（或贯穿）大多数的实验点，即图中的点应均匀地分布在图形的两侧。点和曲线间的距离表示测量误差。

⑤ 写明图线特征：利用图上的空白位置注明实训条件和从图纸上得出的某些参数，如截距、斜率、极大值、极小值、拐点和渐近线等。如果需要通过计算求某一特征量，图上还需标出被选点的坐标及计算结果。

⑥ 标注图名：作出的每一个图应该有简单的标题，在图纸下方或空白处标出，最后写上实训者姓名、实训日期。

3. 计算机处理法

按照一定的数学方程式编制程序，由计算机完成数据处理或绘图。目前常用的计算处理软件有 Excel 电子表格和 Origin 软件等，能处理一些数据、绘图或取得数学方程。

六、常用辞典、手册及网上信息查询简介

1. 辞典、手册

①《分析化学手册》：化学工业出版社。

②《中华人民共和国药典》（简称《中国药典》，2025 年版）：中国医药科技出版社。

③《分析化学辞典》：化学工业出版社。

④《试剂手册》：上海科学技术出版社。

2. 网上信息查询

① 利用百度、搜狗、谷歌等搜索引擎检索。

② 化学专业数据库。

③ 仪器信息网。

（本模块编写人：戴静波）

模块二 化学实训常用仪器及基本操作技术

项目一 化学实训常用仪器简介

一、化学实训常用仪器的种类及使用方法

① 容器类。主要作为反应容器和贮存容器。包括试管、烧杯、锥形瓶、烧瓶、称量瓶、分液漏斗等。可分为可加热容器和不可加热容器。

② 量器类。主要用于度量溶液体积。包括量筒、移液管、滴定管、容量瓶等。

③ 其他仪器。

化学实训常用仪器的种类及使用方法如表 2-1 所示。

表 2-1　化学实训常用仪器的种类及使用方法

仪器	规格	主要用途	使用方法和注意事项
 烧杯	玻璃、塑料材质,含耐热玻璃 规格:按容量(mL)分为 25、50、100、200、500、1000 等	1. 配制溶液; 2. 常温或加热条件下,较大量试剂的反应容器	1. 反应液体不超过烧杯容量的 2/3; 2. 加热前需将烧杯外壁擦干,加热时烧杯底部需垫石棉网,以防烧杯受热不均匀而破裂
 试管 离心管	玻璃、塑料材质,可分为普通试管和离心管; 规格:按容量(mL)分为 5、10、20、50、100 等	1. 常温或加热条件下,少量试剂的反应容器; 2. 收集少量气体; 3. 离心管用于沉淀分离	1. 一般大试管可直接加热,小试管和离心管要用水浴加热; 2. 反应液体不超过试管容积的 1/2,加热条件下不超过 1/3; 3. 加热前擦干试管外壁,加热时应用试管夹夹持,加热液体时,管口不要对人,并与桌面倾斜成 45°; 4. 加热固体时,管口略向下倾斜;以免冷凝水回流造成试管破裂; 5. 加热后未冷却的试管,应以试管夹夹好,悬放在试管架上

仪器	规格	主要用途	使用方法和注意事项
平底烧瓶 圆底烧瓶	玻璃材质,分为平底、圆底、长颈、短颈、细口和粗口几种; 规格:按容量(mL)分为 25、50、100、200、250、500 等	平底烧瓶可用于配制溶液或加热,也可代替圆底烧瓶使用; 圆底烧瓶用于反应、加热、回流和蒸馏,优点是受热面积大,耐压性能好	1. 盛放液体量不能超过容积的 2/3,以防液体溅出; 2. 加热前需将外壁擦干,加热时固定在铁架台上,下垫石棉网;圆底烧瓶放在桌面上时,下面要垫木环或石棉环,以防滚动而打破
锥形瓶 碘量瓶	玻璃材质,分为有塞、无塞、广口和细口几种; 规格:按容量(mL)分为 50、100、150、250、500 等	1. 反应容器,加热时,可避免液体大量蒸发; 2. 振荡方便,用于滴定操作	1. 反应液体不能超过烧杯容积的 2/3; 2. 加热前,外壁要擦干,加热时,要下垫石棉网,使受热均匀

仪器	规格	主要用途	使用方法和注意事项
 量筒	玻璃、塑料材质； 规格：按容量（mL） 分为 5、10、25、50、 100、200 等	用于量取一定体积 的溶剂或溶液	1. 竖直放置在实验台上，读数时，视线与液面水平，不得仰视或俯视，读取与液体弯月面底相切的刻度； 2. 不可加热或配制溶液； 3. 不得量取热的液体
 分液漏斗	玻璃材质，分为梨形、球形、锥形几种； 规格：按容量（mL）分为 50、100、250、500 等	1. 用于萃取操作后的分液； 2. 在气体发生装置中为加液容器	1. 不能加热； 2. 用前检漏，将活塞涂上薄层凡士林，以防漏水； 3. 分液时，下层液体从漏斗下口流出，上层液体从上口倒出；向反应体系中滴加溶液时，下口应插入液面下； 4. 漏斗上口活塞及颈部活塞，都是磨砂配套的，应系好，防止滑出跌碎；萃取时，振荡初期，应多次放气，以免漏斗内压力过大
 酸式滴定管 碱式滴定管	玻璃材质，分为酸式和碱式两种； 规格：按容量（mL）分为 25、50、100 等	滴定操作时，用于准确度量滴定液的体积	1. 使用前清洗干净，并检漏，然后用待装液润洗三次； 2. 滴定前注意赶净气泡； 3. 酸式滴定管和碱式滴定管不得混用； 4. 读数应读至小数点后第二位

仪器	规格	主要用途	使用方法和注意事项
移液管	玻璃、塑料材质；规格：按容量（mL）分为 1、2、5、10、25、50 等	用于精准移取一定体积的溶剂或溶液	1. 用前洗涤干净，并用待取液润洗三次； 2. 移取液体时，先将液体吸入刻度以上，再用食指按住管口，轻轻移动放液，控制液面至刻度处，用食指紧密按住管口，移取液体至指定容器
容量瓶	玻璃材质，有白色与棕色之分；规格：按容量（mL）分为 5、10、25、50、100、150、200、250 等	配制准确浓度的溶液时用	1. 不能加热，也不能在其中溶解固体，溶质应先在烧杯内全部溶解； 2. 瓶与瓶塞是配套的，不能互换； 3. 不能代替试剂瓶存放溶液
滴瓶	玻璃材质，有无色透明型和棕色型之分	盛放少量液体试剂	1. 见光易分解的试剂盛于棕色瓶中； 2. 使用时滴管尖不得接触其他物体，不同滴瓶的滴管不可混用； 3. 不宜长期贮存试剂，特别是有腐蚀性的
称量瓶	玻璃材质，包括高型和矮型两种；规格：按容量（mL）分为 5、10、15、20 等	准确称量一定量固体药品时用，尤其是易吸潮、易氧化、易与 CO_2 反应的试剂	1. 磨口瓶盖需要配套使用，不得混用； 2. 用完洗净干燥，并在磨口处垫一小纸条； 3. 不能加热

仪器	规格	主要用途	使用方法和注意事项
 布氏漏斗 吸滤瓶	布氏漏斗为瓷质,规格:按容量(mL)分为40、60、80、100等; 吸滤瓶为玻璃材质,规格:按容量(mL)分为100、250、500、1000等	两者配套,用于晶体或沉淀的减压过滤分离(水泵或真空泵降低抽滤瓶中的压力,形成压力差)	1. 不能用火直接加热; 2. 滤纸要略小于漏斗内径,才能盖住漏斗所有小孔;漏斗大小与吸滤瓶要适应; 3. 漏斗大小与过滤的沉淀或晶体的量要适应
 蒸发皿	瓷质、石英材质,平底和圆底两种; 规格:按容量(mL)分为75、200、400等	蒸发液体用	1. 能耐高温,不能骤冷; 2. 蒸发溶液时,一般放在石棉网上; 3. 随液体性质不同选用不同蒸发皿
 坩埚	瓷质、玻璃、石英材质,平底和圆底两种; 规格:按容量(mL)分为10、15、25、50等	可用于高温加热、煅烧固体	1. 放在泥三角上直接加热或高温煅烧; 2. 用坩埚钳夹取坩埚,加热完毕后,把坩埚放置在石棉网上
 泥三角	由铁丝和瓷管做成	用于搁置坩埚加热	1. 用前检查铁丝是否断裂,防止坩埚脱落; 2. 选择泥三角时,要使搁在其上的坩埚所露出的上部,不超过本身高度1/3; 3. 坩埚放置要正确,坩埚底应横着斜放在三个瓷管中的一个上; 4. 灼热的泥三角不要放在桌面上,不要滴上冷水,以免瓷管骤冷破裂

仪器	规格	主要用途	使用方法和注意事项
三脚架	铁制品；有大小、高低之分	放置较大或较重的容器加热	1. 选择合适高度，用酒精灯外焰加热，以达到最高温度； 2. 对于不能直接加热的容器，应在架上垫石棉网加热； 3. 不要碰刚加热过的三脚架
表面皿	玻璃材质；规格：按容量（mm）分为 45、65、75、90 等	盖在容器上，防止液体溅出；晾干晶体；用作点滴反应、承放器皿烘干或称量等	不能用火直接加热，以防破裂；作盖用时，直径应略大于被盖容器
铁架台	铁质	用于固定或放置反应容器，铁圈可代替漏斗架使用	1. 铁夹内应垫石棉布，夹在仪器合适位置，以仪器不脱落或旋转为宜，不能过紧或过松； 2. 固定时，仪器和铁架台的重心应落在铁架台底座中央，防止不稳倾倒
试管夹	木质	加热试管时，夹持试管	1. 夹在试管上半部分； 2. 要从试管底部套上或取下试管夹；不要用拇指按夹的活动部位，以免试管脱落；避免被火烧坏
坩埚钳	铁制品	从热源（如酒精灯、电炉、马弗炉等）中，夹持取放坩埚或蒸发皿	1. 用前要洗干净； 2. 钳尖要先预热，以免坩埚因局部骤冷而破裂； 3. 使用前后，钳尖应向上，放在桌面或石棉网（温度高时）上

仪器	规格	主要用途	使用方法和注意事项
 洗瓶	塑料材质,常用的有吹出型和挤压型两种; 规格:按容量(mL)分为250、5000等	用于溶液的定量转移和沉淀的洗涤和转移	用时不要污染出水管
 干燥器	玻璃材质; 规格:按容量(mL)分为165、220、280、320、360、450等	用于干燥易潮解变质试剂药品、精密金属元件、显微镜镜头以及称量瓶等	1. 在干燥器底部放入干燥剂(变色硅胶、浓硫酸或无水氯化钙等),再将待干燥的物质放在瓷板上; 2. 在干燥器边缘处涂一层凡士林,将盖子盖好后沿水平方向摩擦几次,即可进行干燥; 3. 打开干燥器盖子时一手扶住干燥器,另一手将干燥器盖子水平移动; 4. 干燥器内的干燥剂要按时更换
 药匙	金属或塑料材质,有大小、长短之分	主要用于取固体试剂	1. 药匙的大小根据取用药品的多少和试剂瓶口的尺寸决定; 2. 用后及时清洁干净,污染状态下不能使用
 点滴板	瓷质,分白色和黑色两种; 规格:按所含凹穴位多少分为十二、九、六凹穴等	用于点滴反应,一般不需要分离的沉淀反应,尤其是显色反应	白色沉淀用黑色板,有色沉淀用白色板

二、玻璃仪器的洗涤和干燥

1. 玻璃仪器的洗涤

玻璃仪器的洗涤是化学实训中重要而又基本的步骤，使用不干净的仪器会影响实训结果。实训前后要认真清洗仪器，并用蒸馏水荡洗。玻璃仪器清洗干净的标准是用水清洗后，仪器内部形成均匀的水膜，不成股流下也不聚成水滴。洗净的仪器不能用布或纸擦干，以免纤维残留在器壁上，污染仪器。

洗涤仪器的方式可根据实训的要求、污染物性质、仪器种类和形状来选择。洗涤方式主要包括水洗、洗涤剂洗、洗液洗和超声波洗等。

① 水洗。用水和试管刷刷洗，除去仪器上的灰尘、可溶性和不溶性物质，再用蒸馏水水洗。用蒸馏水荡洗时应使用洗瓶，挤压洗瓶使其喷出一股细水流，均匀地喷射到仪器内壁，不断转动仪器，再倒掉水，重复三次即可。

② 洗涤剂洗。如果玻璃仪器比较脏，可选用粗细、大小、长短等合适型号的毛刷，蘸取洗衣粉、洗涤精、去污粉、肥皂水等，转动毛刷刷洗仪器内壁，可有效除去油污和有机物，再用自来水冲洗，最后用蒸馏水荡洗三次。

③ 洗液洗。对于不能用常规洗涤剂洗净的仪器，例如滴定管、移液管、容量瓶等容量仪器，可用洗液洗。洗液洗步骤如下：仪器先用水洗，并尽量倒掉仪器中残留水分，以免稀释和浪费洗液。清洗时加入洗液的用量为容器总容积的 1/3，使仪器倾斜并慢慢转动，让仪器内壁全部被洗液润湿，然后将洗液回收到原瓶。对沾污严重的仪器可用洗液浸泡一段时间，或用热洗液洗涤。倾出洗液后，再用自来水洗，最后用蒸馏水洗。决不允许将毛刷放入洗液中。使用洗液时要注意安全，不要溅在皮肤、衣物上。

④ 超声波洗。利用超声波在液体中的空化作用、加速度作用及直进流作用，对液体和污物直接或间接作用，使污物层被分散、乳化、剥离而达到清洗目的。清洗效率高、效果好。

2. 常见洗液的配制方法和注意事项

① 铬酸洗液的配制。称取 $K_2Cr_2O_7$ 固体 25g，溶于 50mL 蒸馏水中，冷却后向溶液中慢慢加入 450mL 浓 H_2SO_4（注意安全），边加边搅拌。注意切勿将 $K_2Cr_2O_7$ 溶液加到 H_2SO_4 中。冷却后贮存在试剂瓶中备用。铬酸洗液呈暗红色，具有强酸性、强腐蚀性和强氧化性，对具有还原性的污物如有机物、油污有很强的去污效果。装洗液的瓶子要盖好，以防吸潮，洗液在洗涤仪器后要回收重复使用，多次使用后发现颜色变绿时，已经失去去污能力，不能再使用。

② 碱性高锰酸钾洗液。称取 $KMnO_4$ 固体 10g，溶于 30mL 蒸馏水中，再加入 100mL 10% NaOH 溶液，混合均匀即可使用。

③ 王水。1 体积浓硝酸和 3 体积浓盐酸的混合溶液，使用时在通风橱中进行，现配现用。

3. 玻璃仪器的干燥

玻璃仪器的干燥是开展化学实训的重要环节。其中烘箱烘干是主要的仪器干燥方法。需要注意的是，一般带有刻度的计量仪器如移液管、容量瓶、滴定管等不能用加热的方法干燥，否则影响精密度。

常用的干燥方法有：

① 晾干。将洗净的仪器倒置在干燥的仪器架或仪器柜上，利用仪器上残存水分的自然

挥发而使仪器干燥，倒置可以防止灰尘落入。

② 烘干。将洗净的仪器有序放置在电热恒温干燥箱（简称烘箱）内加热烘干。放置时应注意平放或使仪器口朝上，带塞的瓶子应打开瓶塞，并在烘箱的最下层放一搪瓷盘，盛接从仪器上滴下来的水。一般在105℃加热半小时即可干燥。最好让烘箱降至常温后再取出仪器。

③ 烤干。通过加热使水分迅速蒸发而使仪器干燥。此法常用于可加热或耐高温的仪器，如烧杯、蒸发皿、试管等。加热前先擦干仪器外壁，置于石棉网上用小火烤干，试管烤干时应使管口向下倾斜，以免水珠倒流炸裂试管。烤干时应从试管底部开始，慢慢移向管口，待水珠消失后，将管口朝上，使水蒸气逸出。

④ 吹干。用热或冷的空气流将玻璃仪器吹干，所用仪器是吹风机，可以先用吹风机的热风吹玻璃仪器的内壁，待干后再吹冷风使其冷却。也可以先用易挥发的溶剂如乙醇、乙醚、丙酮等淋洗玻璃仪器，再倒净淋洗液，用吹风机按照冷风—热风—冷风的顺序吹，效果更佳。

（本项目编写人：戴静波）

项目二　称量仪器及其操作

称量操作是化学实验最基本的操作技术之一。根据称量的精度要求，称量仪器常选用的天平有托盘天平、电子天平。托盘天平也称台秤，一般能准确称到0.1g；电子天平，能准确称到0.1mg甚至0.01mg，常用在定量分析中。

一、托盘天平

托盘天平构造，如图2-1所示。

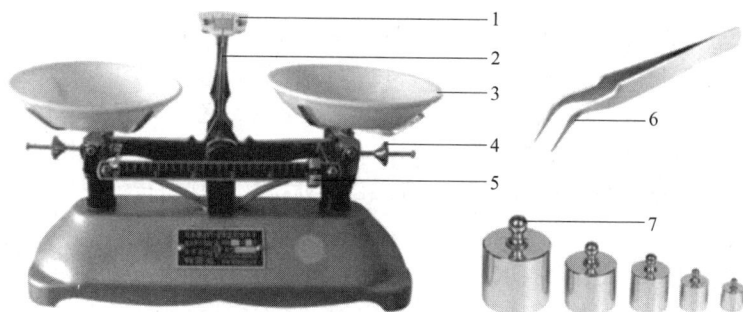

图 2-1　托盘天平
1—刻度盘；2—指针；3—托盘；4—平衡螺丝；
5—游码；6—镊子；7—砝码

使用托盘天平时应注意以下事项：

① 将游码归零，检查指针是否指在刻度盘中心线位置，若不在，可调节托盘下方平衡螺丝，当指针在刻度盘中心线或者左右等距离摆动即可。

② 被称物放左盘，砝码放右盘。用镊子加砝码，采取先大后小的原则，一般5g以内用游码，直至指针指在刻度盘中心线或左右等距离摆动，砝码加游码的总质量就是被称物的

质量。

③ 称量物一般不能直接放在托盘上，要根据称量物的性质和要求，将其放在称量纸、表面皿或其他容器中称量。

④ 取放砝码要用镊子，称量完毕后，应将砝码放回原砝码盒，并使天平恢复原状。

二、电子天平

1. 电子天平常见部件名称及功能

电子天平常见部件名称及功能如图 2-2 所示。

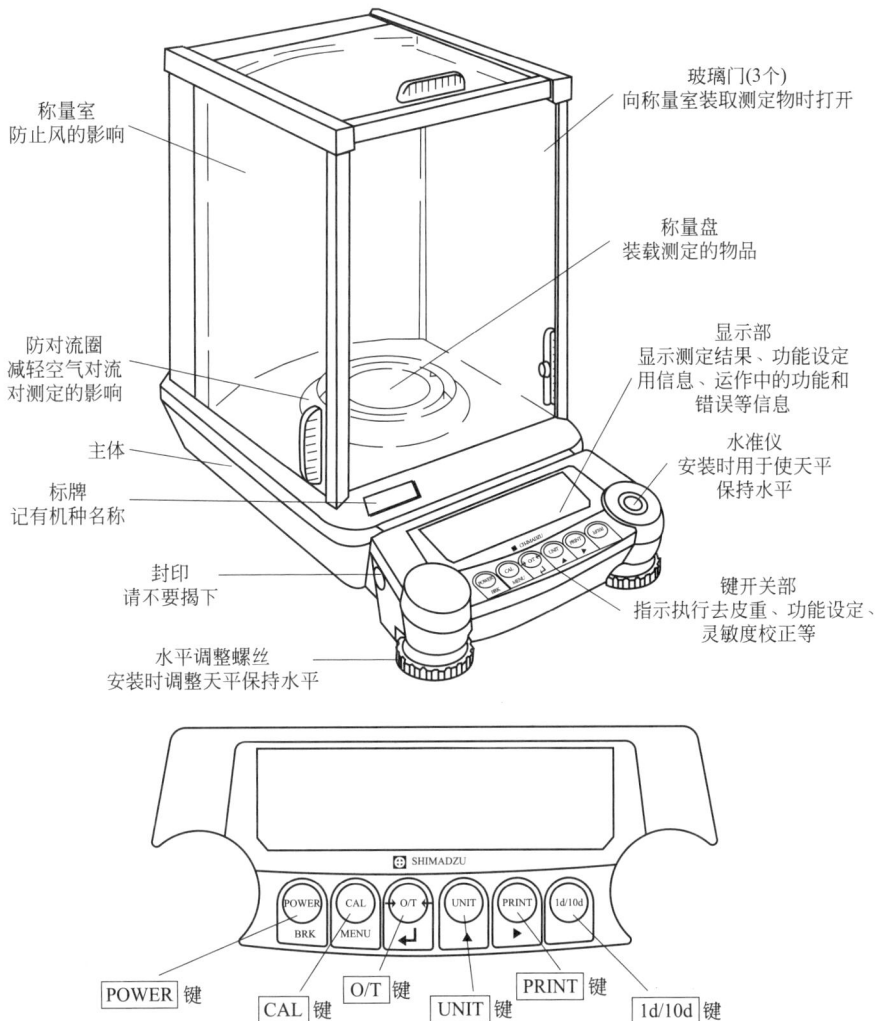

图 2-2 岛津 AUY120 电子天平

2. 电子天平的使用方法

① 观察水泡是否位于水准仪中心，若有偏移需调整水平调整螺丝，使天平水平。检查天平内有无遗撒的药品粉末，框罩内外是否清洁，若天平较脏，应先用毛刷轻轻清扫干净后再接通电源，待机预热。

② 轻按天平 POWER 键（有些型号 ON 键）开机，等待系统自动自检完成，当显示器

显示"0.0000"后，方可进行称量。

③ 称量时，将洁净的称量纸（或表面皿、称量瓶、小烧杯等）置于称量盘上，关上侧门，稍候，轻按下天平 $\boxed{O/T}$ 键（有些型号 $\boxed{TAR}$ 键），天平自动校对零点，当显示"0.0000"后，开启侧门，缓慢加入待称物质，直到所需质量为止，关好侧门，当显示稳定数值，即为被称物质量（g）。

④ 称量结束后，清洁仪器，关闭天平门，轻按下天平 $\boxed{POWER}$ 键（有些型号 $\boxed{OFF}$ 键），切断电源，罩上天平罩，并记录天平使用情况。

3. 称量方法

（1）直接称量法 此法适用于称量洁净干燥的器皿（如称量瓶、小烧杯、表面皿等）、块状或棒状的金属等物体。方法是：先调节天平零点，将待称物置于天平盘上，在天平右盘加砝码和游码使之平衡，根据砝码、游码读出称量物的质量，电子天平等数值稳定后直接读出称量物质量。

（2）固定质量称量法（加重法） 此法适用于称量不易吸湿，在空气中性质稳定，要求某一固定质量的粉末状或细丝状物质。

例如：称量 1.2258g $K_2Cr_2O_7$ 基准试剂。称量方法是：准确称量一洁净干燥的表面皿（称量纸或小烧杯），然后用小牛角匙在表面皿上缓慢加入试剂，直到所加试剂接近 1.2258g（只差几毫克）时，再极其小心地以左手持盛有试剂的牛角匙，伸向天平左盘表面皿中心部位上方约 2～3cm 处，匙柄顶在掌心，用左手拇指、中指及掌心拿稳牛角匙，以食指轻弹（或轻摩）牛角匙柄，让试剂慢慢抖入皿中，如图 2-3 所示，直到天平读数正好增加到 1.2258g 为止。

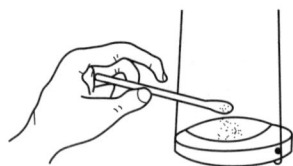

图 2-3 固定质量称量法

注意：

① 若不慎加入试剂超过指定质量，可用牛角匙取出多余试剂，重复上述操作，直至试剂质量符合指定要求为止。严格要求时，取出的多余试剂应弃去，不要放回原试剂瓶中。

② 操作时，决不能让试剂散落于天平左盘表面皿以外的地方。

③ 称好的试剂必须定量地由表面皿直接转入接收器中，若转移时有少量试剂黏附在表面皿上，应用蒸馏水吹洗入接收器中。

（3）减量称量法 此法适用于称量一定质量范围的粉末状物质，特别是在称量过程中试样易吸水、易氧化或易与 CO_2 反应的物质。由于称取试样的量是由两次称重质量之差求得，故此法称为减量称量法（或递减、差减称样法）。称量方法如下：

从干燥器中取出称量瓶（注意：不要让手指直接接触称量瓶和瓶盖），用小纸片夹住称量瓶，打开瓶盖，用牛角匙加入适量试样（一般为称一份试样质量的整数倍），盖上瓶盖。用清洁的纸条叠成称量瓶高 1/2 左右的三层纸带，套在称量瓶上，左手拿住纸带两端，如图 2-4 所示，把称量瓶置于天平盘上，称出称量瓶加试样的准确质量。

将称量瓶取出，在接收器的上方，倾斜瓶身，用纸片夹取出瓶盖，用称量瓶盖轻轻敲瓶口上部使试样慢慢落入容器中，如图 2-5 所示。当倾出的试样接近所需量（可从体积上估计或试重得知）时，一边继续用瓶盖轻敲瓶口，一边逐渐将瓶身竖立，使黏附在瓶口上的试样落下，然后盖上瓶盖。把称量瓶放回天平盘，准确称取其质量。

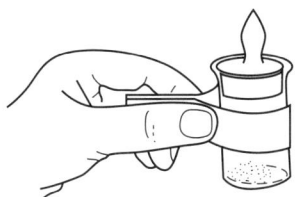

图 2-4　称量瓶拿法　　　　　　图 2-5　从称量瓶中敲出试样

两次称量质量之差，即为敲出试样的质量，按上述方法连续递减，可称量多份试样，倾样时，一般很难一次倾准，往往需几次相同的操作过程，才能称取一份合乎要求的样品，要求一般不超过三次。

（本项目编写人：田宗明）

项目三　　滴定分析基本操作

2-1　移液管和吸量管的使用

一、移液管和吸量管

移液管是用于准确移取一定体积溶液的量出式玻璃量器，只用来测量它所放出溶液的体积。它是一根中间有一膨大部分的细长玻璃管，其下端为尖嘴状，上端管颈处刻有一条标线，表明在标示的温度下，移液管量出溶液的体积，如图 2-6（a）所示。常用的移液管有 5mL、10mL、20mL、25mL、50mL 等规格。

吸量管的全称是"分度吸量管"，又称为刻度移液管。它是带有分刻度的量出式玻璃量器，用于移取非固定量的溶液，如图 2-6（b）所示，它一般只用于量取小体积溶液。常用的吸量管有 1mL、2mL、5mL、10mL 等规格。移液管和吸量管所移取的体积通常可准确到 0.01mL。

移液管和吸量管的使用方法如下。

1. 洗涤和润洗

移液管和吸量管是带有精确刻度的容量仪器，不宜用刷子刷洗。先用自来水淋洗，若内壁仍挂水珠，则用铬酸洗液浸泡，操作方法如下：用左手持洗耳球，将食指或拇指放在洗耳球上方，其他手指自然地握住洗耳球，右手拇指和中指拿住移液管或吸量管标线以上部分，食指靠近管上口，无名指和小指辅助拿住移液管，如图 2-7 所示。握紧洗耳球，排出球内空气，将洗耳球尖口插入或紧接在移液

(a)　　　(b)

图 2-6　移液管和吸量管

管或吸量管上口，注意不能漏气。慢慢松开左手手指，将洗涤液慢慢吸入管内，直至刻度线以上部分，移开洗耳球，迅速用右手食指堵住移液管或吸量管上口，等待片刻后，将洗涤液放回原瓶。也可用装有洗涤液的超声波洗涤，并用自来水冲洗移液管或吸量管内、外壁至不挂水珠，再用蒸馏水洗涤三次；控干水备用。

移取溶液前，先用少量待吸溶液润洗。方法如下：左手持洗耳球，右手持移液管，将洗

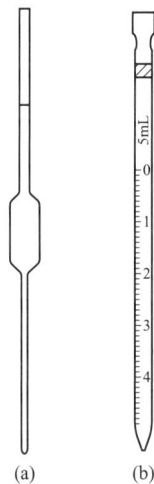

耳球对准移液管口，将管尖伸入溶液中 1～2cm 处吸取，待溶液吸至移液管容量的 1/3 时（注意：勿使溶液流回，以免稀释待吸溶液），右手食指堵住管口，移出，将移液管横持并转动移液管，使溶液流遍全管内壁（注意：溶液不要超过管上部刻度线），将溶液从下端尖口处排入废液杯内。如此操作，润洗 3～4 次后即可吸取溶液。

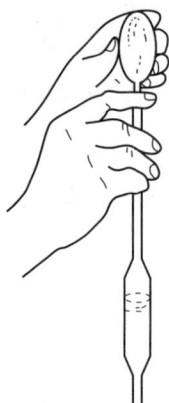

图 2-7　用洗耳球吸液操作　　　　图 2-8　移液管操作

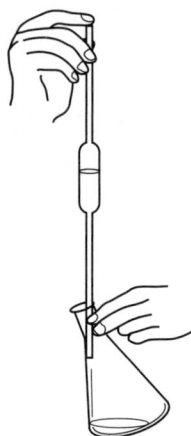

2. 移取溶液

将用待吸液润洗过的移液管插入待吸液面下 1～2cm 处，用洗耳球按上述操作方法吸取溶液（注意移液管插入溶液不能太深，并要边吸边往下插入，始终保持此深度，管尖也不应伸入太浅，以免液面下降后造成吸空）。当管内液面上升至标线以上 1～2cm 处时，迅速用右手食指堵住管口（此时若溶液下落至标准线以下，应重新吸取）。将移液管提出待吸液面，并使管尖端接触待吸液容器内壁片刻后提起，用滤纸擦干移液管下端黏附的少量溶液（在移动移液管时，应将其保持垂直，不能倾斜）。

3. 调节液面

左手另取一干净小烧杯，将移液管管尖紧靠小烧杯内壁，小烧杯保持倾斜，使移液管保持垂直，刻度线和视线保持水平（左手不能接触移液管）。稍稍松开食指（可微微转动移液管），使管内溶液慢慢从下口流出，液面将至刻度线时，按紧右手食指，停顿片刻，再按上法将溶液的弯月面底线放至与标线上缘相切为止，立即用食指压紧管口。将尖口处紧靠烧杯内壁，向烧杯口移动少许，去掉尖口处的液滴。将移液管小心移至盛接溶液的容器中。

4. 放出溶液

将移液管或吸量管直立，左手拿接收器倾斜，将移液管移入容器中，保持管垂直，管下端紧靠接收器内壁，放开食指，让溶液沿接收器内壁流下，如图 2-8 所示，管内溶液流完后，保持放液状态停留 15s，将移液管尖端在接收器靠点处靠壁前后小距离滑动几下（或将移液管尖端靠接收器内壁旋转一周），移出移液管（残留在管尖内壁处的少量溶液，不可用外力强使其流出，因校准移液管时，已考虑了尖端内壁处保留溶液的体积。在管身上标有"吹"字的，可用洗耳球吹出；否则不允许用洗耳球吹出）。

用吸量管吸取溶液时，大体与上述操作相同。但吸量管上常标有"吹"字，特别是 1mL 以下吸量管，要注意流完溶液后要将管尖溶液吹入接收器中。注意：吸量管分刻度，有的刻到末端收缩部分，有的只刻到距尖端 1～2cm 处，要看清刻度。在同一实验中，应尽量使用同一支吸量管的同一段，通常尽可能使用上面部分，而不用末端收缩部分。例如，用 5mL 吸量管移取 3mL 溶液，通常让溶液自 0mL 流至 3mL，而避免从 2mL 刻度流至末端。

5. 注意事项

① 移液管（吸量管）不应在烘箱中烘干。

② 移液管（吸量管）不能移取太热或太冷的溶液。

③ 同一实验中应尽可能使用同一支移液管。

④ 移液管在使用完毕后，应立即用自来水及蒸馏水冲洗干净，置于移液管架上。

⑤ 移液管和容量瓶常配合使用，因此在使用前常做两者的相对体积校准。

⑥ 在使用吸量管时，为了减少测量误差，每次都应从最上面刻度（0 刻度）处为起始点，往下放出所需体积的溶液，而不是需要多少体积就吸取多少体积。

⑦ 移液管有老式和新式，老式管身标有"吹"字样，需要用洗耳球吹出管口残余液体。新式的没有，千万不要吹出管口残余，否则导致量取液体过多。

二、容量瓶

容量瓶也叫量瓶，是为配制准确的一定物质的量浓度的溶液时用的精确仪器。它是一种带有磨口玻璃塞的细长颈、梨形的平底玻璃瓶，颈上有刻度。当瓶内体积在所指定温度下达到标线处时，其体积即为所标明的容积数，这种一般是"量入"的容量瓶。但也有刻两条标线的，上面一条表示量出的容积。容量瓶常和移液管配合使用。容量瓶有多种规格，常用的有 10mL、25mL、50mL、100mL、250mL、500mL、1000mL、2000mL 等。它主要用于直接法配制标准溶液和准确稀释溶液以及制备样品溶液。容量瓶的使用和注意事项如下。

1. 检漏和洗涤

在使用容量瓶之前，要先进行以下两项检查：

① 容量瓶容积与所要求的是否一致。

② 检查瓶塞是否严密，是否漏水。

具体操作：在瓶中放水到标线附近，塞紧瓶塞，左手用食指按住塞子，其他手指拿住瓶颈标线以上部分，右手用指尖托住瓶底边缘，如图 2-9(a) 所示，使其倒立 2min，直立后用干滤纸片沿瓶口缝处检查，看有无水珠渗出。如果不漏，再把塞子旋转 180°，塞紧，再倒立 2min 检查，如不漏水，方可使用。这样做两次检查是必要的，因为有时瓶塞与瓶口不是在任何位置都是密合的。密合用的瓶塞必须妥善保存，最好用绳把它系在瓶颈上，以防跌碎或与其他容量瓶搞混。

2. 洗涤

容量瓶先用自来水涮洗内壁，倒出水后，内壁如不挂水珠，即可用蒸馏水涮洗，备用，否则必须用洗液洗。用洗液洗之前，先将瓶内残余水倒掉，装入适量洗液，转动容量瓶，使洗液润洗内壁后，稍停一会，将其倒回原瓶，再用自来水冲洗，最后从洗瓶挤出少量蒸馏水涮洗内壁三次以上，即可。

3. 配制溶液

将精确称重的试样放在小烧杯中，加入少量溶剂，搅拌使其溶解（若难溶，可盖上表面皿，稍加热，但必须放冷后才能转移），定量移入洗净的容量瓶中。转移时，烧杯口应紧靠玻璃棒，玻璃棒倾斜，下端紧靠瓶颈内壁，其上部不要碰到瓶口，使溶液沿玻璃棒和内壁流入瓶内，如图 2-9(b) 所示。烧杯中溶液流完后，将烧杯沿玻璃棒稍微向上提起，同时使烧杯直立，再将玻璃棒放回烧杯中。用洗瓶吹洗玻璃棒和烧杯内壁，如前法将洗涤液转移至容量瓶中，一般应重复 3 次以上，以保证定量转移。当溶液加到瓶中 2/3 处以后，将容量瓶水

平方向摇转几周（勿倒转），使黏液大体混匀。然后，把容量瓶平放在桌子上，继续加水至距离标线约1cm，静置1～2min，使黏附在瓶颈内壁的溶液流下，再改用胶头滴管滴加（滴管加水时，勿使滴管触及溶液），眼睛平视标线，加水至溶液凹液面底部与标线相切。立即盖好瓶塞，用食指顶住瓶塞，另一只手的手指托住瓶底按图2-9(c)的姿势，注意不要用手掌握住瓶身，以免体温使液体膨胀，影响容积的准确性（对于容积小于100mL的容量瓶，不必托住瓶底）。随后将容量瓶倒转，使气泡上升到顶，此时可将瓶振荡数次。再倒转过来，仍使气泡上升到顶。如此反复10次以上，才算混合均匀。放正容量瓶（此时，因一部分溶液附于瓶塞附近，瓶内液面可能略低于标线，不应补加水至标线），打开瓶塞，使瓶塞周围溶液流下，重新盖好塞子后，再倒转容量瓶，摇动2次，使溶液全部混匀。

(a) 试漏　　　　　　　　　(b) 溶液转移　　　　　　　　(c) 溶液混匀

图 2-9　容量瓶的操作

　　如用容量瓶稀释溶液，则用吸量管移取一定体积浓溶液，在烧杯中稀释冷却后，定量转移至容量瓶中，加水稀释至标线。当浓溶液稀释不放热时，可将浓溶液直接放入容量瓶中加水稀释，其余操作同前。

　　4. 注意事项

　　使用容量瓶时应注意以下几点：

　　① 检验密闭性。将容量瓶倒转后，观察是否漏水，再将瓶塞旋转180°观察是否漏水。

　　② 不能在容量瓶里进行溶质的溶解，应将溶质在烧杯中溶解后转移到容量瓶里。

　　③ 用于洗涤烧杯的溶剂总量不能超过容量瓶的标线，一旦超过，必须重新配制。

　　④ 容量瓶不能加热。如果溶质在溶解过程中放热，要待溶液冷却后再进行转移，因为温度升高瓶体将膨胀，所量体积就会不准确。

　　⑤ 容量瓶只能用于配制溶液，不能长时间或长期贮存溶液，因为溶液可能会对瓶体产生腐蚀，从而使容量瓶的精度受到影响。

　　⑥ 容量瓶用毕应及时洗涤干净，塞上瓶塞，并在塞子与瓶口之间夹一圈纸条，防止瓶塞与瓶口粘连。

　　⑦ 容量瓶只能配制一定容量的溶液，但是一般保留4位有效数字（如250.0mL），不能因为溶液超过或者没有达到刻度线而估算改变小数点后面的数字，只能重新配制，因此书写溶液体积的时候必须是×××.0mL。

三、滴定管

　　滴定管是滴定时可以准确测量流出标准溶液体积的玻璃仪器，它是一根具有精密刻度、内径均匀的细长玻璃管，可根据需要放出不同体积的液体。根据滴定管长度和容积的不同，可分为常量滴定管、半微量滴定管和微量滴定管。

常量滴定管容积有 50mL、25mL，最小刻度 0.1mL，可读到 0.01mL。半微量滴定管容量 10mL，最小刻度 0.05mL，可读到 0.01mL，结构一般与常量滴定管较为类似。微量滴定管容积有 1mL、2mL、5mL、10mL，最小刻度 0.01mL，最小可读到 0.001mL。

滴定管一般分为两种：一种是酸式滴定管，如图 2-10(a) 所示；另一种是碱式滴定管，如图 2-10(b) 所示。

酸式滴定管又称具塞滴定管，它的下端有玻璃旋塞开关，用来装酸性溶液或氧化性溶液及盐类溶液。碱式滴定管又称无塞滴定管，它的下端连接一乳胶管，管内有一个玻璃珠，用来控制溶液的流速，乳胶管下端再连一尖嘴玻璃管。一般用来装碱性溶液与无氧化性溶液，凡可与橡皮管起作用的溶液均不可装入碱式滴定管中，如 $KMnO_4$ 溶液、$K_2Cr_2O_7$ 溶液、碘液等。

由于不怕碱的聚四氟乙烯活塞的使用，克服了普通酸式滴定管怕碱的缺点，使酸式滴定管可以做到酸碱通用，所以碱式滴定管的使用大为减少。现今实验室通常使用的就是这种聚四氟乙烯活塞滴定管，如图 2-11 所示。

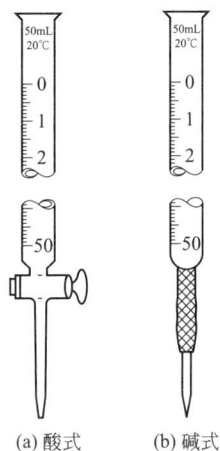

扫一扫

2-3 酸式滴定管的使用

(a) 酸式　　(b) 碱式

图 2-10　滴定管

图 2-11　聚四氟乙烯活塞滴定管

滴定管使用前的准备如下。

(1) 洗涤　滴定管使用前必须先洗涤，洗涤时以不损伤内壁为原则。洗涤时用自来水冲洗，用滴定管刷（特制的软毛刷）蘸合成洗涤剂刷洗，但铁丝部分不得碰到管壁（如用泡沫塑料刷代替毛刷更好）。若用前法不能洗净时，可用铬酸洗液洗。加入 5～10mL 铬酸洗液，边转动边将滴定管放平，并将滴定管口对准洗液瓶口，以防洗液洒出。洗净后，将一部分洗液从管口放回原瓶，最后打开活塞将剩余的洗液从出口管放回原瓶，如果滴定管太脏，可将洗液装满整支滴定管浸泡一段时间或使用热洗液，洗涤效果更佳。

用洗液清洗后，必须用自来水充分洗净，然后用蒸馏水洗三次。每次用量 10～15mL。洗时，双手拿滴定管身两端无刻度处，边转动边倾斜滴定管，使水布满全管并轻轻振荡。然后直立，打开活塞将水放掉，同时冲洗出口管。也可将大部分水从管口倒出，再将余下的水从出口管放出。每次放掉水时应尽量不使水残留在管内。最后，将管的外壁擦干，以便观察内壁是否挂水珠。

(2) 检漏　滴定管洗净后，先检查旋塞转动是否灵活，是否漏水。用自来水充满滴定管，将其放在滴定管架上垂直静置约 2min，观察旋塞周围和管尖无水渗出；然后将活塞旋转 180°，再如前检查。若有问题，应及时更换。

碱式滴定管应选择合适的管尖、玻璃珠和乳胶管（长约 6cm），组装后检查是否漏水，液滴能否灵活控制。如不合要求，则需重新装配。

（3）玻璃活塞涂油　为了使活塞转动灵活，并防止漏水现象，需用凡士林或真空活塞油涂抹活塞。操作如下：

① 取下活塞小头处小橡皮套圈，取出活塞（注意：勿使活塞跌落）。

② 用滤纸片将活塞和活塞套擦干。擦拭时，可将酸管放平，以免滴定管壁上的水进入活塞套中。

③ 涂油时，用手指均匀地涂一薄层油脂于活塞两头，如图 2-12（a）所示，但不涂活塞套。也可用玻璃棒或火柴梗，将油脂薄而均匀地涂抹在活塞套小口内侧，如图 2-12（b）所示，用手指将油脂涂抹在活塞大头上。油脂涂得太少，活塞转动不灵活；涂得太多，活塞孔容易被堵塞。油脂涂得不好还会漏水。

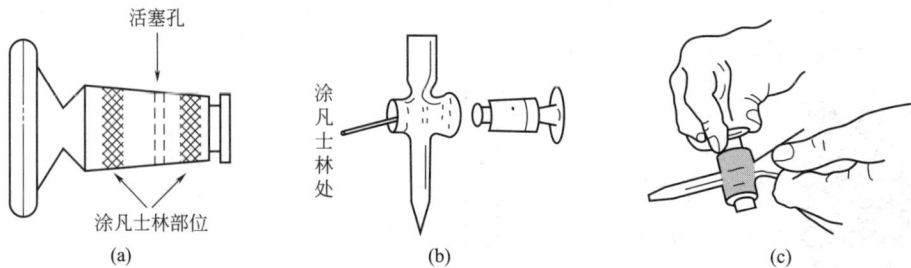

图 2-12　酸式滴定管涂油操作

④ 将活塞插入活塞套中，如图 2-12（c）所示。插入时，活塞孔应与滴定管平行，径直插入活塞套内，不要转动活塞，这样可以避免将油脂挤到活塞孔中。然后向同一方向不断旋转活塞，并轻轻用力向活塞小头部分挤，以免来回移动活塞，直到油脂层中没有纹路，旋塞呈均匀透明状态。最后将橡皮套圈在活塞小头部分沟槽上。

（4）润洗　滴定管在使用前还必须用待装溶液润洗三次，第 1 次用 10mL 左右，第 2、3 次各用 5mL 左右。润洗操作要求：先关好旋塞，倒入溶液，两手平端滴定管，即右手拿住滴定管上端无刻度部位，左手拿住旋塞无刻度部位，边转边向管口倾斜，使溶液流遍全管，然后打开滴定管旋塞，使润洗液从下端流出，废液弃去。

（5）装液排气泡　润洗后再将待装溶液装入滴定管。装液之前，应将试剂瓶或容量瓶中溶液摇匀，使凝结在瓶内壁的水珠混入溶液。在天气热、室温变化较大或溶液放置时间长时，此项操作尤其必要。混匀后溶液应直接倒入滴定管中，不得借助其他容器（如烧杯、漏斗、滴管等），否则既浪费操作溶液，又增加污染机会。转移溶液到滴定管时，用左手前三指持滴定管上部无刻度处，并倾斜，右手拿住试剂瓶，向滴定管倒入溶液。如果是小试剂瓶，右手可握住瓶身（试剂瓶标签应向手心），直接倾倒溶液于滴定管中；如遇到大试剂瓶或容量瓶，可将瓶放在桌沿，手拿瓶颈，使瓶倾斜让溶液慢慢倾入管中。

如果试剂瓶或容量瓶确实太大，滴定管口很小，也可先将操作溶液转移入烧杯（要用干燥、洁净的烧杯，并用操作溶液洗涤 3 次），再倒入滴定管。

将待装溶液装入滴定管至零线以上，应检查滴定管出口下部尖嘴部分是否充满溶液，是否留有气泡。若有，开大活塞使溶液冲出，排出气泡。除去气泡后，重新补充溶液至"0"刻度以上。

碱式滴定管排气泡时，需把乳胶管向上弯曲，出口上斜，挤捏玻璃珠右上方，使溶液从尖嘴快速冲出，排出气泡。如图 2-13 所示。

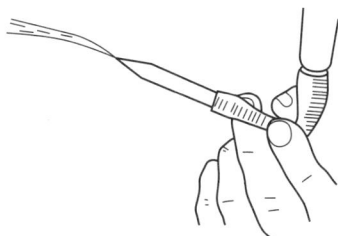

图 2-13　碱式滴定管排出气泡

（6）读数　将装满溶液的滴定管垂直夹在滴定管架上，由于水的附着力和内聚力的作用，滴定管内液面呈弯月形，无色或浅色溶液比较清晰，读数时，可读弯月面下缘实线最低点，视线、刻度与弯月面下缘实线最低点应在同一平面上，如图 2-14（a）所示。而有色溶液如 $KMnO_4$ 溶液、碘液等，其弯月面清晰度较差，读数时，则读取液面最高点，这样比较容易读准，如图 2-14（b）所示。一般初读数为 0.00mL 或 0～1mL 的任一刻度，以减小体积误差。

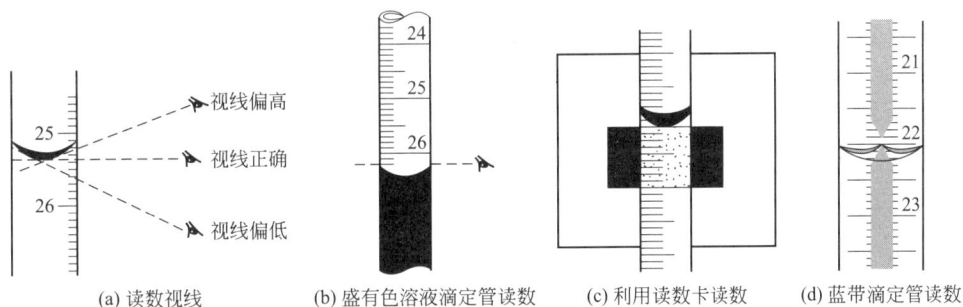

図 2-14　滴定管的读数

放出溶液后（滴定完后）需等待 1～2min 后方可读数。读数时，将滴定管从滴定管架上取下，左手捏住上部无液处，保持滴定管垂直，视线与弯月面最低点刻度水平线相切。视线若在弯月面上方，读数就会偏高；若在弯月面下方，读数就会偏低。若为有色溶液，仍需读取最高点。一定要注意初读数与终读数要采用同一标准。

初学者读数时，可将黑白板放在滴定管背后，使黑色部分在弯月面下面约 1cm 处，此时即可看到弯月面反射层全部成为黑色，然后读此黑色弯月面下缘最低点，如图 2-14（c）所示。

有的滴定管背面有一条蓝带，称为蓝带滴定管。蓝带滴定管的读数与普通滴定管类似，当蓝带滴定管盛溶液后将有两个弯月面相交，此交点的位置即为蓝带滴定管的读数位置。如图 2-14（d）所示。蓝交叉点比弯月面最低点略高些。

滴定管的读数，还应遵循下列原则：

① 如果滴定管放出溶液的速度较慢（如接近终点时），等 0.5～1min 后，方可读数。注意：读数时，滴定管管尖不能挂水珠，管尖嘴不能有气泡，否则无法准确读数。

② 不宜把滴定管挂在滴定管架上读数，因为这样很难确保滴定管垂直和准确读数。

读数时，必须读至毫升小数点后第 2 位，即估计到 0.01mL。滴定管两个小刻度之间为 0.1mL，要求估计十分之一值。当液面在两小刻度中间时读 0.05mL；若液面在两小刻度三分之一处读 0.03mL 或 0.07mL；若液面在两小刻度五分之一处读 0.02mL 或 0.08mL 等。

（7）滴定操作　滴定时，将滴定管垂直地夹在滴定管架上。操作者面对滴定管，可坐着也可站着，滴定管高度要适宜。左手控制滴定管旋塞，无名指和小指略微弯曲向手心弯，大拇指在前，食指和中指在后，轻轻向内扣住旋塞，手心空握，以免碰到旋塞使其松动。右手握持锥形瓶，如图 2-15 所示。

滴定时要边滴边振摇瓶，要配合好。滴定操作可在锥形瓶（或烧杯）中进行。在锥形瓶中进行滴定时，用右手拇指、食指和中指拿住锥形瓶，其余两指辅助在下侧，使瓶底离滴定台高约 2~3cm，滴定管下端伸入瓶口约 1cm。左手握住滴定管，按前述方法，边滴加溶液，边用右手手腕旋转，摇动锥形瓶，使溶液做圆周运动。滴定速度一般为 $10mL \cdot min^{-1}$，即每秒钟 3~4 滴。注意：滴定管尖不能碰到锥形瓶内壁。如果有滴定液溅在内壁上，要立即用水冲到溶液中。

使用碱式滴定管滴定时，左手拇指在前，食指在后，捏住乳胶管中的玻璃球所在部位稍上处，向手心挤捏乳胶管，使其与玻璃球之间形成一条缝隙，可使溶液流出，如图 2-16 所示。应注意，不能挤压玻璃球下方乳胶管，否则易进入空气形成气泡。为防止乳胶管来回摆动，可用中指和无名指夹住尖嘴上部。

挤捏部位

图 2-15　酸式滴定管操作　　　　　图 2-16　碱式滴定管操作

滴定通常在锥形瓶中进行，对于碘量法（滴定碘法）、溴酸钾法等，则需在碘量瓶中反应和滴定。

（8）半滴操作　临近滴定终点时，要一边摇动，一边逐滴地滴入，甚至是半滴溶液加入。滴定时可轻轻转动旋塞，使溶液悬挂在管尖嘴上，形成半滴，用锥形瓶内壁将其沾落，再用洗瓶吹洗。

对于碱式滴定管，加入半滴溶液时，应先轻挤乳胶管使溶液悬挂在管尖嘴上，再松开拇指与食指，用锥形瓶内壁将其沾落，再用洗瓶吹洗。

进行滴定操作时，还应注意如下几点问题：

① 最好每次滴定都从 0.00mL 或接近"0"开始，这样可减少滴定管刻度不均引起的误差。

② 滴定时，左手始终不能离开活塞，不能"放任自流"。

③ 摇动锥形瓶时，应微动腕关节，使溶液向同一方向旋转，形成旋涡，不能前后或左右摇动，不应听到滴定管下端与锥形瓶内壁撞击声。摇动时，要求有一定速度，不能摇得太慢，以免影响反应速率。

④ 滴定时，要注意观察液滴落点周围颜色变化。不要只看滴定管刻度变化，而不顾滴定反应进行。

⑤ 滴定速度控制。一般开始时，滴定速度可稍快，呈"断线状"，每秒钟 3~4 滴。临近终点时，用洗瓶吹洗锥形瓶内壁，并改为逐滴加入，即每滴加一滴摇动锥形瓶。最后是每

加半滴，摇匀，若溶液碰在锥形瓶内壁，要立即用洗瓶吹洗，直至溶液出现明显颜色变化。

（9）滴定结束后滴定管处理　滴定结束后，滴定管内剩余溶液应弃去，不要倒回原瓶中，以免沾污操作溶液。洗净滴定管，然后用蒸馏水充满全管并垂直夹在滴定管架上，上口用一微量烧杯罩住，备用，或倒尽水后收在仪器柜中。

（本项目编写人：周俊慧）

项目四　重量分析基本操作

一、重量分析法的基本原理

重量分析法是称取一定质量的供试品，用适当的方法将被测组分与试样中其他组分分离，称定其质量，根据被测组分和样品的质量计算组分含量的定量方法。重量分析法的过程实质上包括了分离和称量两个过程。根据分离的方法不同，重量分析法分为挥发法、萃取法和沉淀法等。重量分析法使用分析天平称量而获得分析结果，不需要与标准试样或基准物质进行反应，也没有容量器皿引起的误差，因此准确度比较高。但是该法需经过溶解、沉淀、过滤、洗涤、干燥（或灼烧）和称量等步骤，操作烦琐，需时较长，对低含量组分的测定误差较大。

1. 挥发法

挥发法是利用物质的挥发性，通过加热或其他方法使之与试样分离，然后进行称量，再根据称量结果计算被测组分的含量。根据称量的对象不同，挥发法分为直接法和间接法：直接法是利用吸收剂将逸出的被测组分吸收，根据吸收剂的增重求得被测组分的含量；间接法是利用被测组分与其他组分分离后，通过称量其他组分，测定样品减少的重量来求得被测组分的含量。

2. 萃取法

萃取法是利用被测组分在两种互不相溶的溶剂中溶解能力的不同，将被测组分用萃取剂萃取使之与其他组分分离，再将萃取剂蒸干，称出干燥萃取物的质量。根据萃取物的质量来确定被测组分含量。

3. 沉淀法

沉淀法是利用沉淀反应，将被测组分转化成难溶物，以沉淀形式从溶液中分离出来，然后经过滤、洗涤、干燥或灼烧，得到可供称量的物质，进行称量，根据称量的重量求算样品中被测组分的含量。

① 沉淀形式和称量形式。沉淀法中，在试液中加入适当的沉淀剂，使被测组分沉淀下来，这样获得的沉淀称为沉淀形式，沉淀形式经过滤、洗涤、干燥或灼烧后，用于最后称量的物质的化学形式称为称量形式。沉淀形式和称量形式可以相同，也可以不相同。例如，用沉淀法测定 SO_4^{2-}，加 $BaCl_2$ 为沉淀剂，沉淀形式和称量形式都是 $BaSO_4$；在 Ca^{2+} 的测定中，以 $(NH_4)_2C_2O_4$ 为沉淀剂，沉淀形式是 $CaC_2O_4 \cdot H_2O$，灼烧后得到的称量形式是 CaO，两者不同，原因是 $CaC_2O_4 \cdot H_2O$ 沉淀经灼烧后发生如下反应：

$$CaC_2O_4 \cdot H_2O \xrightarrow{\text{灼烧}} CaO + CO_2 \uparrow + H_2O \uparrow + CO \uparrow$$

② 重量分析法对沉淀形式和称量形式的要求。对沉淀形式的要求：沉淀的溶解度要小，保证被测组分沉淀完全；沉淀纯度高，沉淀便于过滤和洗涤；最理想的沉淀反应应做成粗大的晶形沉淀，若非晶形沉淀也应注意掌握好反应条件，以便沉淀过滤和洗涤。

对称量形式的要求：称量形式必须有确定的化学组成；称量形式必须稳定，不受空气中水分、CO_2 和 O_2 等的影响；称量形式的摩尔质量要大，而被测组分在称量形式中占的百分比要小，可以减少称量的相对误差，提高分析结果的准确度。称量形式的质量必须通过恒重来确定。重量分析中的恒重是指样品连续两次干燥或灼烧后称得的质量差小于 0.3mg。

沉淀析出后，经过滤、洗涤、干燥或灼烧制成称量形式，最后称定质量，分析计算结果。

$$被测组分(\%) = \frac{称量形式质量 \times 换算因数}{试样质量}$$

换算因数也叫化学因数，表示被测组分的摩尔质量与称量组分的摩尔质量之比，常用 F 表示。

$$换算因数(F) = \frac{a \times 待测组分的摩尔质量}{b \times 称量形式的摩尔质量}$$

上式中 a 和 b 是为了使分子、分母中所含被测组分的原子数或分子数相等而乘以的系数。

二、沉淀重量法的基本操作

在重量法中，沉淀重量法是最常用的分析化学内容之一，沉淀重量法实验主要包括沉淀的生成、转移、过滤、洗涤、灰化、干燥（或灼烧）等基本步骤。

1. 沉淀的生成

沉淀的生成与溶液及加入试剂的浓度、温度、数量、速度及陈化的时间等因素有关。沉淀剂如果一次性加入，应沿烧杯内壁加入，或者用搅拌棒引流，防止溶液溅出；通常沉淀剂采用逐滴加入，边加边搅拌均匀，搅拌时避免搅拌棒碰触容器壁。如果需要加热，应控温，防止溶液沸腾溅出，沉淀所用的烧杯均应配备表面皿及搅拌棒。

2. 沉淀的过滤

首先应该根据沉淀的性质选择过滤器，如果沉淀灼烧过程中易被纸灰还原或影响称量物性质，宜选用玻璃砂芯漏斗（图 2-17），不宜选用配滤纸的三角漏斗（图 2-18）进行过滤。

图 2-17 玻璃砂芯漏斗　　　　　图 2-18 三角漏斗

过滤是固液分离最常用方法，分为三种：普通过滤、减压过滤和趁热过滤。

（1）普通过滤　溶液黏度、温度、过滤时压力、滤纸孔隙大小及沉淀性质等因素都会影响过滤速度、效果。细晶形沉淀或胶体沉淀，一般选择普通过滤，缺点是过滤速度较慢。

滤纸和漏斗的选择：滤纸有定性滤纸和定量滤纸两种，按孔隙大小，可分为快速、中速和慢速三种。一般过滤用定性滤纸；在重量分析中，需将滤纸和沉淀一起灼烧后称量，必须使用定量滤纸。定量滤纸灼烧后，残留的灰分在 0.1mg 以下（可忽略不计），也称无灰滤纸。另外，还应根据沉淀性质选择不同滤纸，如 $BaSO_4$、$CaC_2O_4 \cdot 2H_2O$ 等细晶形沉淀，宜选用致密慢速滤纸，以防穿孔；$Al_2O_3 \cdot nH_2O$、$Fe_2O_3 \cdot nH_2O$ 等胶体沉淀，则选用快速滤纸，否则过滤速度太慢。

普通过滤应选用长颈漏斗，如图 2-19 所示。漏斗大小应与滤纸大小相适应。折叠后滤纸边缘应低于漏斗上沿 0.5～1.0cm。

滤纸的折叠和安放：将一张圆形滤纸对折两次，展开成约 60°圆锥形（一侧三层，另一侧一层），如图 2-19 所示，并调节滤纸圆锥形角度与漏斗角度相当。将三层滤纸外两层撕下一小角（撕下小角滤纸留作以后擦拭烧杯用），可使漏斗与滤纸紧贴。将折叠好的滤纸放入漏斗，三层部分应放在漏斗出口短的一侧，一手按住三层滤纸一边，一手用洗瓶吹入少量蒸馏水将滤纸润湿，然后用干净玻璃棒（或手指）轻压滤纸赶走滤纸和漏斗之间气泡，使其与漏斗紧贴。加水至滤纸边缘，漏斗颈内应充满水形成水柱。如果滤纸的水全部漏尽后水柱不能保持，则说明滤纸与漏斗没有完全密合；如果水柱虽然形成，但有气泡不连续，说明滤纸边有微小空隙，需再将滤纸边按紧。在过滤过程中，漏斗颈必须一直被液体所充满，借液柱的重力而产生抽吸作用，加快过滤速度。将准备好的漏斗放在漏斗架（或铁圈）上，漏斗下面放一洁净的烧杯接收滤液。漏斗斜出口尖端紧贴烧杯内壁，使滤液沿杯壁流下。漏斗高度以过滤完漏斗出口不接触滤液为宜。漏斗应放端正，即其边缘在同一水平。

普通过滤一般先用倾析法将上层清液倾入滤纸中，留下沉淀，再将烧杯倾斜放在木块或瓷砖边缘，待沉淀下沉后，左手拿玻璃棒斜立于三层滤纸上方，尽量接近滤纸，但不能接触滤纸。右手拿起盛着沉淀的烧杯，使烧杯嘴紧贴玻璃棒，慢慢倾斜烧杯，尽量不搅起沉淀，将上层清液缓慢地沿玻璃棒注入漏斗中，如图 2-20 所示。注意倾泻速度，以漏斗内液面低于滤纸边缘约 0.5cm 为宜，以免液体从滤纸与漏斗之间流下。暂停倾出溶液时，应将烧杯沿玻璃棒上提 1～2cm，并逐渐扶正烧杯。在此过程中，烧杯嘴不能离开玻璃棒，防止烧杯嘴上液滴流到烧杯外壁。确保烧杯嘴溶液不漏失的情况下，烧杯才能离开玻璃棒，并将玻璃棒放回烧杯中，但不要靠在烧杯嘴处。如此继续过滤，直至沉淀上面清液几乎全部倾入漏斗为止。

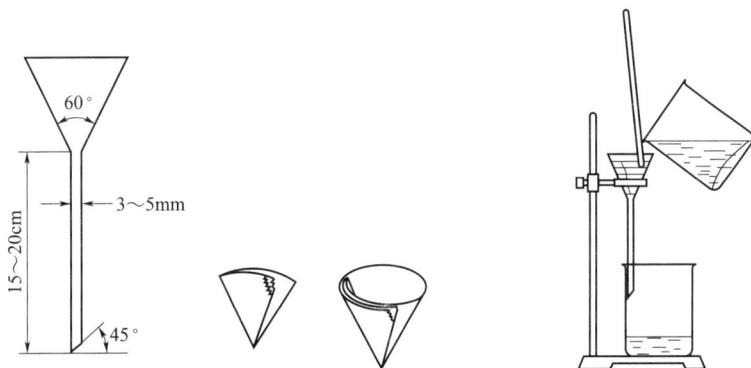

图 2-19　漏斗和滤纸的折叠　　　图 2-20　过滤的方法

倾完上层清液后，用洗瓶或滴管加洗涤液，从上到下旋转冲洗烧杯内壁，使粘在杯内壁上的沉淀冲洗到烧杯底部，每次用 10~20mL 洗涤液。用玻璃棒搅动沉淀，充分洗涤后，待沉淀沉降后，再以倾析法倾出上层清液。一般晶形沉淀需洗涤 2~3 次，胶体沉淀需洗涤 5~6 次。

初步洗涤沉淀若干次后，加少量洗涤液并搅动，然后将悬浮液沿玻璃棒一次倾入滤纸上。再于烧杯中加入少量洗涤液，搅起沉淀，以同法转移悬浮液。重复几次，使大部分沉淀转移到滤纸上。最后少量沉淀，如图 2-21 所示，将烧杯倾斜置于漏斗上方，烧杯嘴朝漏斗，玻璃棒架在烧杯嘴上，并伸出烧杯嘴 2~3cm，玻璃棒下端对着三层滤纸处，右手将洗瓶从上至下吹洗烧杯内壁，沉淀连同溶液一起流入漏斗中。重复上述操作，直至沉淀完全转移为止。再用折叠滤纸时撕下的小角滤纸擦拭黏附在烧杯壁和玻璃棒上的沉淀，将擦拭过的滤纸也放在漏斗中滤纸上。

沉淀全部转移到滤纸上后，需做最后洗涤，以除去沉淀表面吸附的杂质和残留母液。洗涤方法是，用洗瓶流出的细流冲洗滤纸边缘稍下部位，按螺旋形向下移动，如图 2-22 所示，使沉淀冲洗到滤纸底角。待前一次洗涤液流尽后，再下一次洗涤，直至沉淀洗净为止。为了提高洗涤效果，应采用"少量多次"的原则，即在洗涤液总体积相同的情况下，尽可能分多次洗涤，每次用量要少，且前一次洗涤液流尽后，再进行下一次洗涤。

充分洗涤沉淀后，用洁净小试管或表面皿盛接约 1mL 滤液，选择灵敏且能迅速显示结果的定性反应，来检验沉淀是否洗净。例如，用硝酸酸化的硝酸银溶液，检验滤液是否有氯离子存在。若无白色氯化银浑浊生成，表明洗涤已经完全，如仍有浑浊，则需继续再洗几次，直至检验无浑浊为止。

图 2-21　冲洗转移沉淀　　图 2-22　洗涤漏斗中沉淀　　图 2-23　减压过滤装置
1—布氏漏斗；2—吸滤瓶；3—安全瓶

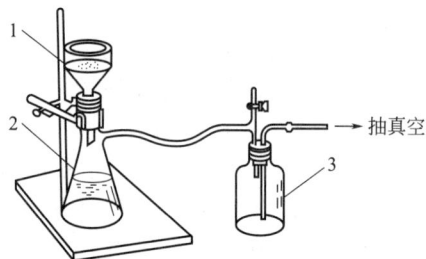

（2）减压过滤　采用真空泵抽气，使过滤器内外产生压力差而快速过滤，同时抽干沉淀中溶液的过滤方法，称为减压过滤，又称为抽滤。它可以加速大量溶液与沉淀的分离，适用于过滤颗粒较粗的晶形沉淀。减压过滤装置由布氏漏斗、吸滤瓶、安全瓶和真空泵组成，如图 2-23 所示。其原理是利用真空泵（一般用水泵或油泵）把吸滤瓶中空气抽出，使瓶内压力降低，使布氏漏斗内液面与吸滤瓶内产生压力差，明显加速过滤。安全瓶（又称缓冲瓶）安装在吸滤瓶和真空泵之间，其作用是防止真空泵中水或油吸入吸滤瓶中（即倒吸现象），把滤液沾污。若不要滤液，也可不用安全瓶。减压过滤操作如下：

抽滤前，检查装置，要求安全瓶长管接真空泵，短管接吸滤瓶，布氏漏斗斜口对准吸滤瓶支管口（即抽气口）。

滤纸应剪成比布氏漏斗内径略小，能盖住瓷板上所有小孔。将剪好的滤纸平铺在布氏漏斗中，以少量水将滤纸润湿，按图 2-23 连接好过滤装置。打开安全瓶上活塞接通大气，开启真空泵，慢慢关闭安全瓶上活塞，先稍微抽气，使滤纸贴紧在漏斗上。

过滤时，用玻璃棒引流向漏斗内转移上层清液。注意：布氏漏斗内溶液量不要超过漏斗容积 2/3。全部关闭安全瓶上活塞，抽滤，待溶液漏下后，借助玻璃棒转移沉淀，并将其平铺在滤纸上。黏附在容器壁上的沉淀，可用少量洗涤液洗出，继续抽干沉淀中溶液。

洗涤沉淀前，先停止抽滤，加入少量洗涤液，用玻璃棒或钢铲搅松沉淀，使洗涤液充分接触沉淀。稍候，重新抽滤，将沉淀抽干。如此重复几次，把沉淀洗净。

过滤完毕，应先将安全瓶上活塞打开通大气，或拔掉吸滤瓶支管上橡皮管，关闭真空泵。把布氏漏斗取下，将漏斗颈口向上，用手轻敲打布氏漏斗边，或用洗耳球在颈口用力吹，可使滤纸沉淀脱离漏斗，将沉淀转移至预先准备好的滤纸上。根据沉淀性质，选用晾干或烘干使其干燥。滤液由吸滤瓶上口倾出，吸滤瓶支管必须朝上。

在停止抽滤时，应先将安全瓶上活塞打开通大气，或拔掉吸滤瓶支管上橡皮管，再关闭真空泵，否则真空泵中液体将会倒吸入安全瓶中。为了尽量抽干沉淀，可用一个洁净的平顶玻璃钉挤压沉淀，并随同抽气尽量除去母液。

（3）趁热过滤 为了避免过滤时结晶析出在滤纸上，可采用趁热过滤。其方法是，将玻璃漏斗置于铜质热漏斗内，铜质热漏斗金属夹层装热水，支管继续加热，以维持热水温度。热过滤要用菊花形滤纸，以加速过滤。菊花形滤纸的折法：如图 2-24 所示，把滤纸对折，再对折，展开，得图 2-24(a)；以 1 对 4 折出 5，3 对 4 折出 6，1 对 6 折出 7，3 对 5 折出 8，得图 2-24(b)；以 3 对 6 折出 9，1 对 5 折出 10，得图 2-24(c)；在相邻两折痕之间，从相反方向再按顺序对折一次，得图 2-24(d)；然后展开滤纸呈两层扇面状，再把两层展开呈菊花形，得图 2-24(e)。折叠时，不要每次都把尖嘴压得太紧，以防过滤时滤纸中心因磨损被穿透。

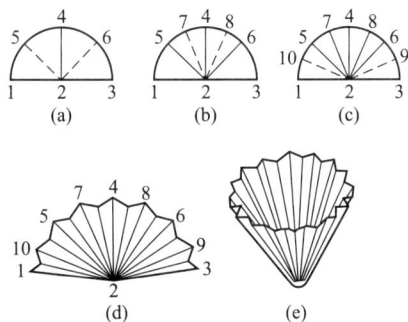

图 2-24　菊花形滤纸的折法　　　　图 2-25　热过滤

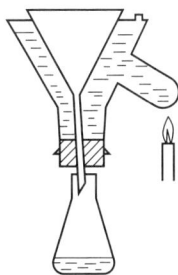

使用时，把滤纸打开，并整理好，放入玻璃漏斗中，使其边缘比漏斗边缘低 0.5cm 左右，然后将玻璃漏斗放入铜质热漏斗内，加热保温，趁热过滤，如图 2-25 所示，过滤速度较快。其缺点是留在滤纸上的沉淀不易收集，适用于可以弃去沉淀的过滤。

3. 沉淀的干燥

过滤得到的沉淀常带有少量的水分或有机溶剂，应根据沉淀的性质选择适当的干燥方法。

（1）自然晾干 适用于在空气中稳定、不吸潮的固体物质。干燥时，把样品放在洁净、干燥的表面皿或培养皿中，薄薄摊开，再于上面覆盖一张滤纸，让其在空气中慢慢晾干。该法最方便、最经济。

（2）加热干燥　适用于高熔点且遇热不分解的固体试样。把样品置于蒸发皿上，用红外灯或烘箱烘干。用红外灯干燥时，注意被干燥固体与红外灯保持一定的距离，以免温度太高使被干燥固体熔化或分解，而且加热温度一定要低于固体化合物的熔点或分解温度。

（3）干燥器干燥　适用于干燥易吸潮、分解或升华的物质。干燥器分为普通干燥器、真空干燥器两种。

① 普通干燥器，如图 2-26 所示，是通过放在其内部的干燥剂来干燥试样，一般用于保存易潮解的药品。干燥器是一种保持物品干燥的厚壁玻璃器皿，具有磨口盖子，中部有一多孔白瓷板，用来放被干燥物质，底部放有适量干燥剂，使其内部空气干燥，磨口处涂有凡士林以防止水汽进入。干燥器常用于放置经烘干或灼烧过的坩埚、称量瓶、基准物质、试样等，或用来干燥物质。搬动干燥器时要同时按住盖子，如图 2-27 所示，防止盖子滑落。开关干燥器时，应一只手朝里按住干燥器下部，另一只手握住盖上圆顶平推，如图 2-28 所示。当放入热的物体时，为防止空气受热膨胀把盖子顶起而滑落，可反复推、关盖子几次以放出热空气，直至盖子不再容易滑动为止。干燥器应注意保持清洁，不得存放潮湿物品，并且只能在存放或取出物品时打开。底部放置的干燥剂不能高于底部高度 1/2，以防污染存放的物品。干燥剂失效后，要及时更换。最常用的干燥剂有硅胶、CaO 和无水 $CaCl_2$ 等。硅胶是硅酸凝胶（组成可用通式 $x SiO_2 \cdot y H_2O$ 表示）烘干除去大部分水后，得到的白色多孔固体，具有高度的吸附能力。为了便于观察，将硅胶放在钴盐溶液中浸泡后呈粉红色，烘干后变为蓝色，蓝色的硅胶具有吸湿能力。当硅胶变为粉红色时，表示已经失效，应重新烘干至蓝色。

② 真空干燥器，如图 2-29 所示，是借助负压和干燥剂双重作用来干燥试样，其干燥效率高于普通干燥器。真空干燥器形状与普通干燥器一样，只是盖上带有活塞，用于抽真空，活塞下端呈弯钩状，口向上，防止与大气相通时，因空气流速太快将固体冲散。最好另用一表面皿覆盖盛有样品的表面皿。

图 2-26　普通干燥器　　　图 2-27　干燥器的搬移　　　图 2-28　干燥器的开启

4. 沉淀的灼烧

沉淀的灼烧需要在坩埚中进行，坩埚在使用前用自来水洗净，然后用盐酸或铬酸洗液浸泡十几分钟，再洗净后烘干灼烧，一般放在泥三角上置于高温炉中十几分钟灼烧，正确方法如图 2-30 所示，灼烧空坩埚与灼烧沉淀的条件相同。经过灼烧的坩埚先置于耐火板上，待红热退去后再转入干燥器中冷却，太热的坩埚不能直接放入干燥器，否则坩埚遇凉瓷板容易破裂。一般冷却时间需约 0.5～1h，称量坩埚质量，重复灼烧冷却操作，再次称量坩埚质量，两次称量的质量差不超过 0.3mg 视为恒重。

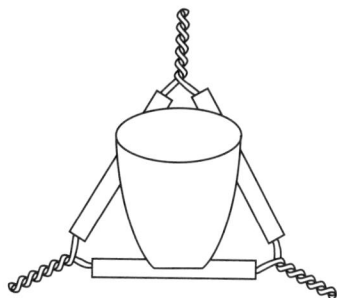

图 2-29　真空干燥器　　　　　　图 2-30　坩埚在泥三角上的放法

对于蓬松的无定形沉淀，可以用搅拌棒将滤纸边沿向内折，包裹住沉淀，然后将滤纸包取出，尖头朝上放入坩埚，如图 2-31 所示；晶型沉淀一般直接将滤纸卷折放入坩埚，如图 2-32 所示。

图 2-31　无定形沉淀包裹　　　　　　图 2-32　晶型沉淀卷折

将坩埚斜放在泥三角上，半掩坩埚盖，用煤气灯小火均匀烘烤坩埚底部，使滤纸和沉淀干燥；如果需要快速干燥，可先将火焰对着坩埚盖中心，利用热反射使坩埚内部沉淀和滤纸的水蒸气逸出，再将火焰移至坩埚底部，稍微增大火焰，使滤纸灰化，灼烧至恒重，如图 2-33 所示。灰化也可以在电炉上进行。

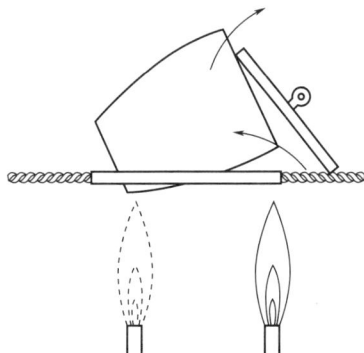

图 2-33　灼烧沉淀至恒重

沉淀的称量方法与称量坩埚的方法相同，称量速度要快，对于吸湿性强的沉淀更应如此，带沉淀的坩埚两次称量的质量差小于 0.3mg 视为恒重。

（本项目编写人：田宗明）

项目五　常用仪器及其使用方法

一、酸度计及其使用

1. 酸度计基本结构

酸度计（或称 pH 计）是一种电化学测量仪器，通过测量化学电池电动势的方法来测定溶液的 pH 值和电位，主要由测量电极和精密电位计组成。电极包括指示电极、参比电极。测量水溶液的 pH 值常用玻璃电极作为指示电极，饱和甘汞电极作为参比电极。目前多选用复合电极，常见的复合电极由玻璃电极与银-氯化银电极组成。酸度计是将电极插在待测溶液中组成原电池，用毫伏计测量电极间的电位差，电位差经放大电路放大后，由电流表或数码管显示。

2. 酸度计的使用

实验室常见酸度计的原理相同，结构差异不大，操作步骤基本一致。下面以实验室常见的梅特勒-托利多 DELTEA-320 型 pH 酸度计为例（图 2-34），介绍测量溶液 pH 值的基本操作步骤。

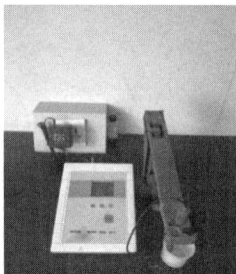

图 2-34　梅特勒-托利多 DELTEA-320 型 pH 酸度计

（1）温度输入　测定溶液的 pH 值之前先输入新的溶液的温度值。按一次 模式 进入温度方式，显示屏即有 "C" 图样显示，此时小数点闪烁。按一下 校正，分别从十位到个位输入新的温度值，按 读数 固定温度值，且数值停止闪烁。完成温度输入后，按 模式 回到 pH 或 MV 方式。

（2）测定 pH 值　将电极放入样品并按 读数 启动测定过程，小数点停闪。显示屏同时显示数字式及模拟式 pH 值。将显示静止在终点数值上，按 读数，小数点停闪。启动一个新的测定过程，再按 读数。

① 设置校准溶液组。按 开关 关闭显示器。按 模式 并保持，再按 开关，松开 模式，显示屏显示 b=3（或当前的设置值），按 校正 显示 b=1 或 b=2，按 读数 选择合适的组别。

② 校准 pH 电极。

一点校准：将电极放入第一个缓冲液并按 校正，仪器在校准时自动判定终点，当到达终点时相应的缓冲液指示器显示，要回到样品测定方式，按 读数 。

两点校准：继续第二点校准操作，按 校正 ，将电极放入第二个缓冲液并按上述步骤操作，当显示静止后电极斜率值简要显示。要回到样品测定方式，按 读数 。

（3）测定 MV 值　将电极放入样品并按 读数 启动测定过程。显示屏显示该样品的 MV 绝对值。要将显示静止在终点值上，按 读数 。

（4）测量结束后，关闭电源，用蒸馏水清洗电极。

（5）注意事项

① 在使用电极之前，将保湿帽从电极头处拧去并将橡皮帽从填液孔上移走。

② 仪器的输入端（测量电极插座）必须保持干燥。

③ 用缓冲溶液标定仪器时，要保证缓冲溶液的可靠性，不能配错缓冲溶液，否则导致测量结果错误。

二、紫外-可见分光光度计及其使用

1. 紫外-可见分光光度计基本结构

紫外-可见分光光度计种类和型号繁多，但其基本结构和原理相似，普通紫外-可见分光光度计原理如图 2-35 所示，主要由光源、单色器、样品池（吸收池）、检测器、信号显示系统五个部分组成。

图 2-35　紫外-可见分光光度计原理

紫外-可见分光光度计基于样品对单色光的选择吸收特性，用于对样品进行定性和定量分析。在一定条件下，吸光物质对单色光的吸收符合朗伯-比尔定律，即

$$A = KcL$$

式中，A 为吸光度；K 为样品溶液的吸光系数；L 为液层厚度（即吸收池厚度），单位为 cm；c 为吸光物质的浓度。由上式可知，当 K、L 一定时，吸光物质的吸光度与其浓度 c 成线性关系。只要测出吸光度 A 就能得到待测液的浓度。

2. 分光光度计的使用方法

以 722 型光栅分光光度计为例，如图 2-36 所示。

图 2-36　722 型光栅分光光度计

（1）操作规程

① 打开电源，指示灯亮，预热 20min。为防止光电管疲劳，不能连续光照、预热仪器和非测定时间打开样品室门。

② 将灵敏度调节旋钮调至 1 挡，选择开关置于 T，调波长选择旋钮至所需单色波长。

③ 将参比液推入光路，打开吸收池暗箱盖，调节 0%T旋钮，使数字显示为"00.0"，盖上吸收池暗箱盖，调节 100%T旋钮，使数字显示为"100.0"。再将选择开关置于 A，旋动 吸光度调零旋钮，使数字显示为".000"。

④ 若调不到"100.0"，则可加大一挡灵敏度旋钮，以增大微电流放大器的倍率（但尽可能使倍率置于低挡），重新用参比溶液，调节 T 的"0"和"100%"，A 的".000"。重复③，直至仪器稳定，数字显示稳定。

⑤ 置于 A 挡，将待测溶液推入光路，显示吸光度值。若把选择开关打到"T"挡，就是相应的透光率。

⑥ 改变波长或灵敏度测量时，重新用参比溶液，调节 T 的"0"和"100%"，A 的".000"，再测吸光度。

⑦ 仪器使用完毕，取出吸收池，洗净、晾干。关闭电源开关，拔下电源插头，复原仪器（短时间停用仪器，不必关闭电源，只需打开吸收池暗箱盖）。

（2）使用和维护的注意事项

① 为确保仪器稳定工作，电源电压一定要稳定，仪器的光学系统不得随意拆卸，要保持内部干燥。试样不宜长时间放于样品室，比色皿装挥发性样品时要加盖。

② 仪器使用时，注意每次改变波长或灵敏度时，都要用参比溶液调节"0%T旋钮"和"100%T旋钮"。

③ 不要在仪器上方倾倒测试样品，以免样品污染仪器表面，损坏仪器。每台仪器所配套的吸收池不得与其他吸收池随意单个调换。吸收池要保持清洁，吸收池装液不得超过吸收池容量 4/5，池壁上液滴应用擦镜纸或绸布擦干。不能用手拿透光玻璃面。

④ 吸收池使用完后要用蒸馏水荡洗 3 次，倒置晾干后存放于吸收池盒内。在日常使用中应注意保护吸收池透光面，使其不受损坏或产生划痕，以免影响透光率。

⑤ 仪器连续使用时间不宜过长，最好是工作 2h 左右让仪器间歇 30min 后，再继续使用。

⑥ 在停止工作的时间里，用防尘罩罩住仪器，同时在罩子内放置数袋防潮剂（硅胶），以免灯室受潮、反射镜镜面发霉或沾污，影响仪器日后的工作。

3. 紫外-可见分光光度计的使用方法

以岛津 UV-1800 型紫外-可见分光光度计为例，如图 2-37 所示。

（1）测定前准备工作

① 检查样品室的物品遗留，并关闭样品室。

② 打开仪器电源开关，仪器进入初始化，初始化仪器完成后，仪器进入"注册栏"；按 ENTER 键，进入"模式"菜单栏。

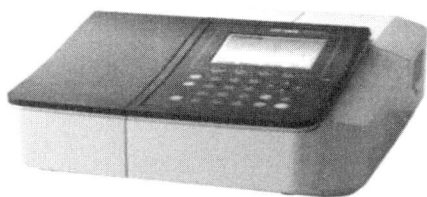

图 2-37　岛津 UV-1800 型紫外-可见分光光度计

③ 开启样品室盖，将两个均盛"空白溶液"吸收池，放入样品室吸收池架的"参比 R"及"样品 S"位置后，关闭样品室盖。

（2）单波长光度测定

① 选择菜单 $\boxed{1}$，按 $\boxed{1}$ 键，仪器自动进入"光度"栏，再按 $\boxed{1}$ 键，选择单波长的光度测定。

② 按 $\boxed{F1}$ 键，选择透光率 $\boxed{T\%}$ 或吸光度 $\boxed{A}$。

③ 按 $\boxed{GOTO\ WL}$ 键，输入所需测定的波长后，按 $\boxed{ENTER}$。按 $\boxed{AUTO\ ZERO}$，校正零点。

④ 开启样品室，将样品池中的"空白溶液"换为"样品液"后，稳定仪器，显示所测样品液的吸光度。

⑤ 按 $\boxed{START\ STOP}$ 键，仪器显示标准格式的样品测试值。如需继续测定，重复步骤②和③。

（3）吸收光谱测定

① 选择菜单 $\boxed{2}$，按 $\boxed{2}$ 键仪器进入"光谱"栏。

② 设定测定光谱的参数、测定模式、扫描范围、扫描波长、扫描速度、扫描次数等。如选择"扫描范围"按 $\boxed{2}$ 键，输入起始波长后，按 $\boxed{ENTER}$ 键，再输入终止波长后，按 $\boxed{ENTER}$ 键，则仪器自动进入参数设置。

③ 确认各参数已设定后，开启样品室，在"参比池 R"和"样品池 S"中，分别放入均盛"空白溶液"的比色杯，按 $\boxed{基线校\ E}$ 键，进行基线校 E。

④ 将"样品池 S"的空白溶液换为样品溶液，然后按 $\boxed{START\ STOP}$ 键，则仪器上屏幕显示扫描吸收曲线。

⑤ 待扫描结束，按 $\boxed{F2}$ 进入数据处理，按相应的项目：a. 四种操作，b. 微分，c. 峰，d. 面积计算，e. 选点，f. 数据打印等，获取所需测试项目数据。

（4）关机　仪器使用完毕，取出样品室内吸收池后，关闭仪器，做好登记记录。

（5）注意事项　测定时，样品室应关严，样品室如未关好易引入杂散光，仪器吸收度下降，输入各参数值时，仪器允许的输入范围在屏幕下方均有显示。

三、红外-分光光度计及其使用

1. 红外-分光光度计基本结构

目前国内外生产和使用的红外-分光光度计主要有两大类：色散型红外-分光光度计和干涉分光型（傅里叶变换）红外-分光光度计（FT-IR）。色散型红外-分光光度计是由光源、吸收池、单色器、检测器和放大记录系统等几个部分组成的，其原理见图 2-38。

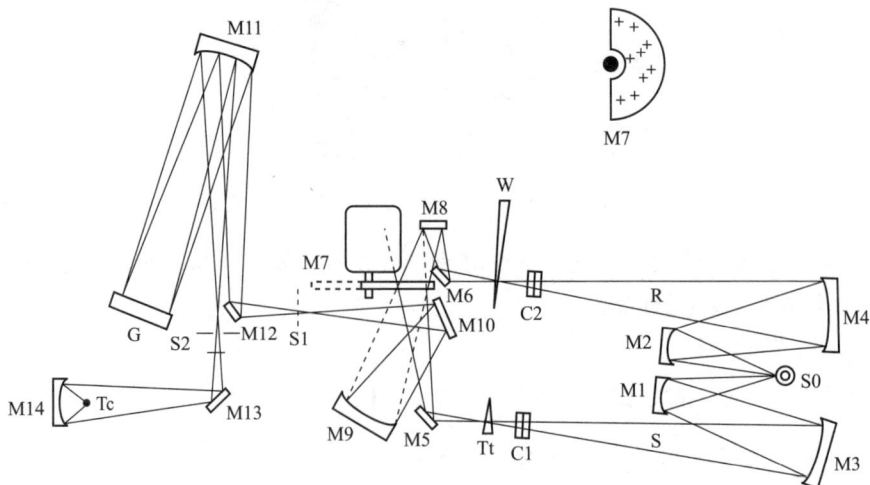

图 2-38　色散型红外-分光光度计原理

S0—光源；M1～M4，M9—球面镜；R—参考光束；S—样品光束；

C1—样品池；C2—空白池；Tt—小光楔（100%调节钮）；W—大光楔（梳状光栏）；

M5，M6，M8，M10，M12，M13—反光镜；M7—斩光器（扇面镜）；M11—准直镜；

M14—椭圆镜；S1—入射狭缝；S2—出射狭缝；G—光栅；Tc—热电偶

（1）光源　光源的作用是产生高强度、连续的红外线。常用的光源有硅碳棒和 Nernst 灯两种。当温度加热到 1300～1500K 以上时发射出红外线，光线分成两束能量相同的光，分别照射在样品池及参比池上。

（2）吸收池　有气体池和液体池两种。气体池主要用于测量气体及沸点较低的样品，液体池用于分析常温下不易挥发的液体样品和固体样品。

（3）单色器　单色器由狭缝、准直镜和色散元件通过一定的排列方式组合而成。目前的色散元件多用反射光栅。

（4）检测器　检测器是测量红外线的强度并将其转变为电信号的装置，主要有真空热电偶和高莱槽（Golay cell）等。常用的检测器为真空热电偶。

傅里叶变换红外-分光光度计是利用干涉仪干涉调频的工作原理，把光源发出的光经迈克尔逊干涉仪变成干涉光，再让干涉光照射样品，接收器接收到带有样品信息的干涉光，再由计算机软件经傅里叶变换，即可获得样品的光谱图，基本原理如图 2-39 所示。

2. 红外-分光光度计的使用

下面以常用的 Bruker Tensor 27 型傅里叶变换红外-分光光度计为例，简单介绍其基本操作。

（1）仪器实图　Bruker Tensor 27 型傅里叶变换红外-分光光度计如图 2-40 所示。

（2）操作规程

① 接通电源：开机前先检查仪器室内的温度及湿度应符合要求，并检查样品室内有无异物；开启主机电源开关；开启计算机显示器开关、主机电源开关及打印机开关。

② 系统启动：主机开启数秒后，可听见"滴滴"两声，仪器右上方 Status 显示由红变为绿色，表示仪器自检完毕，预热 30min；开启计算机主机。用鼠标双击桌面 OPUS 图标，

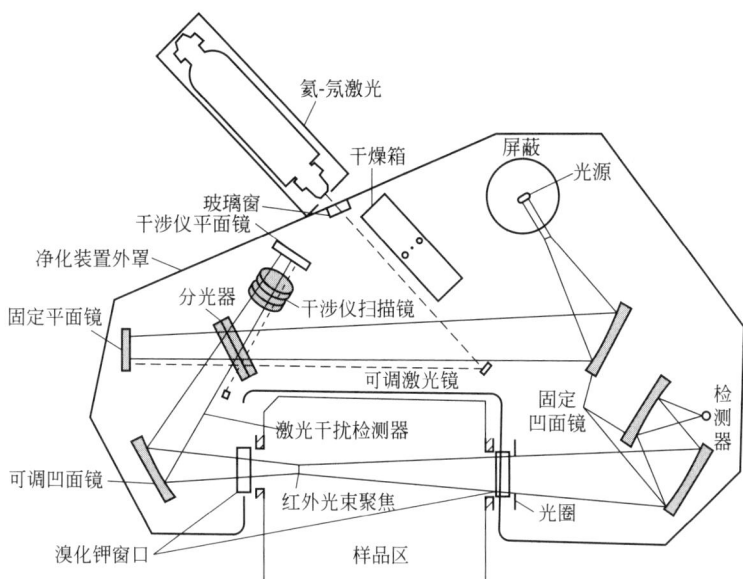

图 2-39 傅里叶变换红外-分光光度计原理

图 2-40 Bruker Tensor 27 型傅里叶变换红外-分光光度计

显示屏出现 OPUS 登录页面，在光标处输入密码（大写 OPUS）。点击 OK ，进入 OPUS 软件操作系统。

③ 光谱测定：测量项进入，点击 测量 M ，选择并点击 高级测量选项 A 或直接 高级数据采集 ，进入测量项；点击 基本设置 ，依次输入"样品描述"和"样品形态"；点击 高级设置 ，依次输入文件名和路径，再根据需要选择设置分辨率、样品扫描时间（32 Scans）、背景扫描时间（32 Scans）、光谱记录范围（4000～400cm^{-1}）、结果谱图（transmittance）等相应的参数。对于常规操作，参数设置为括号内数值，且在"在需保存的数据块"中选择"Transmittance""单通道光谱""背景"；点击 检查信号 并记录位置项所显示数值（大于10000），确认在正常状态，点击 保存峰位 。压片：取供试品 1～2mg，加 200 目干燥的溴化钾粉末 200mg，置玛瑙乳钵中研习，装入压片模具，边抽边加压，至规定压力（一般为 8t）并保持压力约 10min，除去压力，则得厚度约 1mm 的透明溴化钾片（直径为 13mm），即可测定；测量背景单通道光谱：打开样品室盖，将空白片放入样品室的样品

架上，点击 测量背景单通道光谱 ，此时将自动记忆背景的红外光谱图光谱测定；测量样品单通道光谱：打开样品室盖，取出空白片，将经适当方法制备的样品放入样品架上，关盖，用鼠标点击 测量样品单通道光谱 ，扫描结束后显示屏出现样品的红外吸收光谱；选中 TR 数据块，单击 谱图处理 进行谱图处理，确认谱图后，根据需要确定不同的打印格式，打印红外光谱图；测定下一供试品的红外光谱图时，重复上述操作，如果长时间操作或更换空白基质时，应注意及时测定空白背景。

④ 关机，使用登记：测定完毕后，逐级关闭窗口，关闭计算机主机、显示器、分光光度计主机、打印机；填写使用登记。

3. 注意事项

① 实验过程中，不要用手触摸透明玻璃，以免影响透光率。

② 用清洁、干燥的气体吹扫仪器，可消除空气中的水分和二氧化碳的影响，吹扫时，气体的压强不要超过 0.2MPa。

③ 检查仪器分辨率高于 $1cm^{-1}$ 时，应采用一氧化碳气体。

④ 红外光谱仪使用环境要求相对湿度 65％ 以下，温度 15～30℃，二氧化碳对仪器影响很大，要适当通风换气；另外，仪器不经常使用也要开机，一般每次 4h 以上。

⑤ 要定期检查仪器的有效性，检查能量值、波数准确性、透过率、波数重现性、透过率重现性。

四、气相色谱仪及其使用

气相色谱仪（gas chromatography，GC）是以气体为流动相，以固体或液体物质为固定相，利用物质的沸点、极性以及吸附性质的差异进行混合体系分离的一种色谱分离方法。其分离过程为：当待测样品气化后，被载气带入气相色谱柱，样品中的各组分由于分配系数不同，在流动相和固定相之间反复多次进行吸附-平衡-解吸等过程，最终在载气的作用下，与固定相作用力相对较小的组分先流出色谱柱，作用力较大的组分后流出色谱柱，从而实现混合物的有效分离。

气相色谱法对样品的分离具有高效、迅速、灵敏和适用范围广等优点，但其不适用于沸点高于 450℃ 物质及热不稳定物质的分离分析。

1. 气相色谱仪的基本结构

气相色谱仪一般由气路系统、进样系统、分离系统、检测系统及数据处理系统五部分组成，结构如图 2-41 所示。

（1）气路系统 气路系统主要包括载气、检测器用气体气源、气体净化器、气体流量调节器及流量计等。

气相色谱常用的载气气源为氦气、氩气、氮气、氢气等。使用时根据分离所用检测器类型及分离要求等进行选择。载气使用时，首先经过减压阀，进入净化器，除去气体中可能存在的水、氧气及烃类等杂质，以免由于纯度问题干扰待测样品的分离或影响仪器的灵敏度。纯化后的载气，经过流量调节后进入进样系统。流量调节的结果可通过流量计进行显示。气相色谱中常用的流量测量装置有转子流量计、皂膜流量计、压力表等。

（2）进样系统 进样系统包括进样装置及气化室两个部分，其功能为将待测样品通过注射器或进样阀注入系统中，通过气化室产生的高温使样品迅速气化，再由载气将其带入色谱

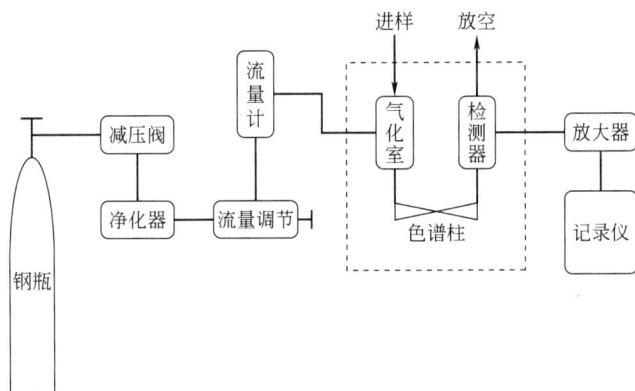

图 2-41　气相色谱仪结构

柱中进行分离。

① 进样装置。根据功能不同，进样装置可分为手动进样装置、自动进样装置、阀进样装置、热裂解进样装置及顶空进样装置等。

手动进样装置一般是使用微量注射器吸取一定的气体或液体待测样品，并将其注入色谱仪中进行分析的一种手动进样方式。

自动进样装置一般用于液体样品的分离分析，通过程序自动控制定量阀，按预先编制的流程自动完成取样、进样、清洗等一系列操作的进样方式，通常适用于大批量样品分析，可以有效降低进样工作量及人为进样误差。

阀进样装置相较于手动进样，具有定量重复性好、避免空气对样品的污染等突出优点，并且可进行多柱多阀的组合应用分析。

热裂解进样装置主要用于聚合物的气相色谱分析。由于聚合物的挥发性差，在正常温度下难以气化，故分析时通常将其在一定的高温下进行裂解，生成聚合物的单体或不规则的碎片，通过检测这些裂解产物结构进行分析。

顶空进样装置主要用于常见基质如固体、液体、半固体等中具有挥发性的有机化合物的分析，如茶叶中的香气成分等。

② 气化室。气化室的作用是将液体待测样品迅速进行气化，以便其在载气的引导下进入色谱柱。气化室一般要求热容量大、温度高、体积小，从而可以减小样品的扩散、减小死体积、提高色谱柱的柱效。

（3）分离系统　气相色谱仪的分离系统包括柱箱及色谱柱两个部分，其中色谱柱是分离系统的核心构成单元。

柱箱的大小一般不超过 $15dm^3$，其操作温度通常在 $90～450℃$。常用的色谱柱通常可分为填充柱及毛细管柱两种类型。填充柱内径一般为 $2～4mm$，柱长 $1～5m$，材质多为不锈钢或玻璃，其内填充固定相颗粒。毛细管柱内径一般为 $0.1～0.5mm$，柱长 $25～100m$，材质多为熔融石英，其内直接涂抹固定液，故又称空心柱，分离效率比填充柱高。

（4）检测系统　检测系统由检测器、放大器及记录仪等构成。经过色谱柱分离后，各组分依次进入检测器，按其浓度或质量随时间的变化情况，经放大器放大后记录显示，并绘出色谱图。

气相色谱中常用的检测器按响应原理不同，可分为浓度型和质量型两大类。浓度型检测器包括热导池检测器（TCD）、电子捕获检测器（ECD）等，其响应值与组分的浓度呈正比关系；质量型检测器包括氢火焰离子化检测器（FID）、火焰光度检测器（FPD）等，其响应值与组分的质量呈正比关系。

① 热导池检测器。热导池检测器属于通用型检测器，它是利用热导池与热敏元件组成惠斯通电桥，由于通过 TCD 的各组分热导率不同，使得热敏元件的温度产生变化，其电阻值也相应发生改变，从而产生信号。该检测器结构简单，性能稳定，适用于一般化合物和气体的分析，通用性好，成本低廉，但其灵敏度较低，载气波动等因素容易造成基线的漂移。

② 氢火焰离子化检测器。氢火焰离子化检测器属于通用型检测器，它是以氢气在空气中燃烧的火焰作为热源，待测样品在火焰中燃烧，产生离子，在外加电场作用下，离子转化成离子流，从而产生电信号。该检测器结构简单，操作方便，适用于大多数含碳有机物的分析，灵敏度高、检出限低、死体积小，是目前应用最广泛的检测器之一，但其不能用于检测永久性气体、水、一氧化碳、二氧化碳等物质。

③ 电子捕获检测器。电子捕获检测器属于专用型检测器，它是利用 β 射线使载气发生电离，产生正离子和电子。若待测样品中含有电负性大的元素，则这些元素捕获电子后形成负电性的分子离子，其与载气正离子结合生成中性化合物，从而产生信号。该检测器灵敏度高，主要用于含卤素、氮、硫、磷等电负性较大物质的分析。但其线性范围较窄，重现性较差，目前主要应用在农残、水体污染等分析领域。

④ 火焰光度检测器。火焰光度检测器属于专用型检测器，又称为硫、磷检测器。含此两种元素的组分在氢气空气火焰中燃烧产生的氧化物经还原、激发，产生特定波长的辐射，经滤光片在光电倍增管上产生特征的电信号。该检测器对含硫、磷组分的化合物具有极高的灵敏度和选择性。

2. 气相色谱仪的使用

以岛津 GC-2010 气相色谱仪为例，介绍其使用方法。

（1）仪器图例 岛津 GC-2010 气相色谱仪如图 2-42 所示。

图 2-42 岛津 GC-2010 气相色谱仪

（2）操作规程

① 操作前准备。

开启柱箱门：将色谱柱接至所选用的一对检测器和进样口的相应接口上。（用装柱的专用工具，控制插入接口的毛细管长度，长的为检测器，短的为进样口。）

打开载气（氦气）高压阀：缓缓旋动低压阀的调节杆，调节气压至 0.5～0.6MPa。

接通电源：依次打开主机、计算机、氢气发生器、空气发生器和打印机的开关。

② 主机操作。双击电脑 GC solution 图标，显示此操作平台。点击 操作 显示登录窗，点击 确定 ，显示 GC 实时分析主屏幕。点击 配置维护 ，点击 系统配置 ，设置所选择的系统配置。点击 仪器参数 ，进入仪器参数设置页面。

进样口参数：进样口温度、载气、氢气、控制的流量；吹扫流量。

设置柱箱的参数：温度、平衡时间。点击该页面内的 设置 键，选择所注册的色谱柱（或重新注册并选择）并确定。

设置检查器的参数：温度、采样速度、停止时间以及尾吹流量、空气流量、氢气流量。

若为自动进样器：单击 AOC-20i＋S ，设置进样的参数，有进样体积、溶剂冲洗（前后）次数、样品冲洗次数、柱塞速度、黏度补偿时间、柱塞进样速度、进样器进样速度以及进样方法。

用填充柱时：尾吹流量设为"0"，氢气流量为"$47.0mL \cdot min^{-1}$"，空气流量为 $400.0mL \cdot min^{-1}$。

用毛细管时：需设定分流或不分流方式，并设定相应的分流比。通常尾吹流量 $30.0mL \cdot min^{-1}$，氢气流量为 $40.0mL \cdot min^{-1}$，空气流量为 $400.0mL \cdot min^{-1}$。

应用 FTD 检测器时：应设加电流值。

点击 下载 ，将所设的参数，传输至仪器的控制系统。点击 开启系统 ，仪器启动，仪器运行各参数并自动达到设定值（包括自动点火），至 GC 状态到"准备就绪"，基线平稳时，即可进样。必要时应稳定 1～2h 后，进行进样。

③ 单次分析及数据处理。点击 单次分析 ，进入"单次分析"界面，点击 样品记录 ，输入相应参数、样品名称、样品编号。若自动进样器应输入样品号，若手动进样，进样后，立即单击 开始 ；若自动进样，单击 开始 ，则仪器进入采样测定。

数据处理：回到主屏，双击 GC Postrun Analysis 调出已经收集色谱图，进行数据处理。调出报告模式，放入数据，即可打印报告。

④ 关机。样品测定完毕后，关氢气发生器、空气压缩机电源开关。将柱温、进样器温度、检测器温度降到 100℃以下。关闭色谱系统，退出操作系统，关闭计算机、打印机、GC-2010 主机、电源开关。放出空气压缩机剩余空气。关断各项气源，关闭仪器总开关。

3. 气相色谱仪使用的注意事项

① 进样口胶垫、玻璃衬管中石英棉按要求（100 次）定期更换。

② 柱箱温度比进样口、检测器温度低 30℃以上。

③ 因为柱箱升温比较快，所以在进样口和检测器温度比较低时，先将柱箱温度设低一点，待进样口和检测器温度升上去后再升柱箱温度。

④ 气路应定期检漏。

五、高效液相色谱仪及其使用

1. 高效液相色谱仪的基本结构

高效液相色谱仪一般由高压输液系统、进样系统、分离系统、检测系统和记录系统五部分组成，结构如图 2-43 所示。

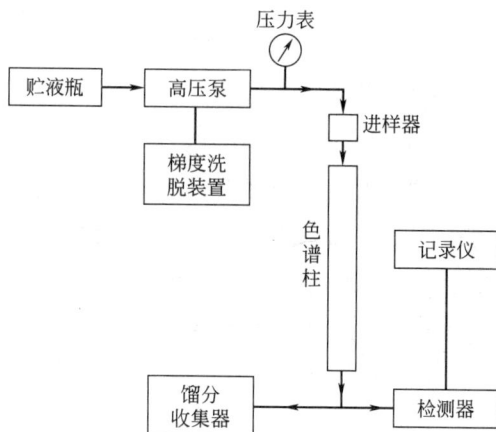

图 2-43　高效液相色谱仪结构示意图

高压泵将贮液瓶内的流动相送到色谱柱入口，样品液由进样器注入色谱系统，随流动相进入色谱柱，并在流动相和固定相之间进行色谱分离。经分离后的各组分，依次流过检测器，并将检测信号送入工作站（或记录仪），工作站给出各组分的色谱峰及相关数据。流出检测器的各组分，可依次进行自动收集或废弃。

（1）高压输液系统　高压输液系统主要包括贮液瓶、高压泵、过滤器和梯度洗脱装置。

① 贮液瓶。贮液瓶材料应耐腐蚀、化学惰性、不与洗脱液发生反应，为玻璃、不锈钢、特种塑料等。贮液瓶放置位置要高于泵体，以便保持一定的输液静压差。使用过程中贮液瓶应密闭，以免溶剂蒸发而影响流动相组成。

② 高压泵。泵性能直接影响高效液相色谱仪的质量和分析结果的准确性。高压泵应流量稳定，其 RSD 应小于 0.5%；流量范围宽，一般分析型应在 $0.1\sim10\text{mL}\cdot\text{min}^{-1}$ 范围内（制备型应达到 $100\text{mL}\cdot\text{min}^{-1}$）；输出压力高，一般柱前压应达到 $150\sim300\text{kg}\cdot\text{cm}^{-2}$；液缸容积小；密封性能好，耐腐蚀。

高压泵按输液性质可分为恒压泵和恒流泵，按工作方式又分为液压隔膜泵、气动放大泵、螺旋注射泵和柱塞往复泵。前两者为恒压泵，后两者为恒流泵。目前高效液相色谱仪一般多用柱塞往复泵。其工作原理如图 2-44 所示。

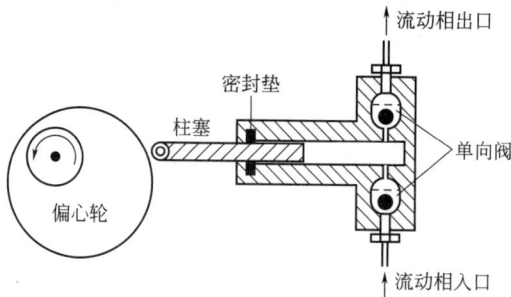

图 2-44　柱塞往复泵的工作原理

由电动机带动凸轮转动，驱动柱塞在液缸内往复运动。当柱塞推入液缸时，出口单向阀打开，入口单向阀关闭，流动相从液缸输出，流向色谱柱；当柱塞自液缸内抽出时，流动相自入口单向阀吸入液缸。如此往复运动，将流动相源源不断地输送至色谱柱。柱塞往复泵因液缸容积小（可至 0.1mL）、易于清洗和更换流动相，特别适宜再循环和梯度洗脱。

③ 梯度洗脱装置。高效液相色谱的洗脱技术分等强度洗脱和梯度洗脱两种。前者是在同一分析周期内流动相组成保持恒定，适用于组分数少、性质相差不大的试样。后者是在一个分析周期内程序控制流动相的组成（如极性、离子强度和 pH 等），适用于组分数目多、性质差异大的复杂试样。

梯度洗脱装置有高压梯度装置和低压梯度装置两种。高压梯度由两台高压泵分别将两种溶剂加压后送入混合室混合后再送入色谱柱。程序控制每台高压泵的输出量，获得各种形式的梯度曲线。低压梯度装置是在常压下通过一梯度比例阀将各种溶剂按程序混合，然后再用一台高压泵送入色谱柱。

（2）进样系统　对进样器的要求是密封性好、死体积小、重复性好、保证中心进样，进样时对色谱过程的压力、流量影响要小，最常用的进样器是六通阀进样器和自动进样器。

① 六通阀进样器。六通阀进样器是高效液相色谱中最理想的进样器，具有结构简单、使用方便、寿命长、日常无需维修等特点。六通阀进样器的原理如图 2-45 所示，手柄位于上样（Load）位置时，样品经微量进样针从进样孔注射进定量环，定量环充满后，多余样品从放空孔排出；将手柄转动至进样（Inject）位置时，阀与液相流路接通，由泵输送的流动相冲洗定量环，推动样品进入液相色谱柱进行分析。

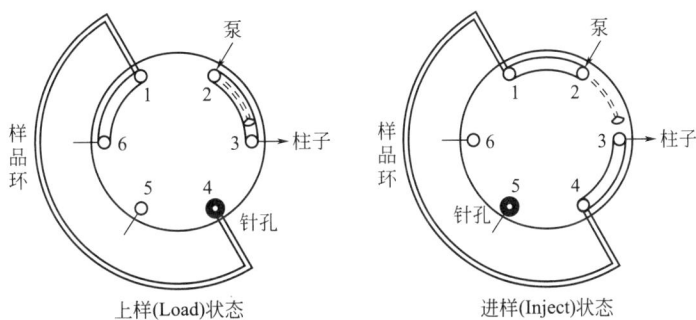

图 2-45　六通阀进样器示意图

② 自动进样器。自动进样器由计算机自动控制定量阀，按预先编制注射样品的操作程序工作。自动完成取样、进样、清洗等一系列操作的进样方式，可连续调节，重复性高，适用于大量样品分析。

（3）分离系统　色谱柱是色谱仪最重要的部件。它由柱管和固定相组成。柱管多用不锈钢制成，一般都是直形的，管内壁要求有很高的光洁度。色谱柱按用途分为分析型和制备型。常规分析型柱内径 2～5mm，柱长 10～30cm；实验室制备型柱内径 20～40nm，柱长 10～30cm，生产制备型柱内径可达几十厘米。

（4）检测系统　高效液相色谱中应用最广泛的检测器是紫外检测器（UVD），还有荧光检测器（FD）、电化学检测器（ECD）、示差折光检测器（RID）、化学发光检测器和蒸发光散射检测器（ELSD）等。

① 紫外检测器。紫外检测器的工作原理是朗伯-比耳定律。即组分对紫外线的吸收引起

接收元件输出信号的变化，使输出信号与组分浓度成线性关系，从而对组分进行定性定量分析。紫外检测器又分为固定波长和可变波长检测器及光电二极管阵列检测器。固定波长检测器以低压汞灯为光源，检测波长为254nm，对具有芳环、芳杂环的化合物都能检测。可变波长检测器一般采用氘灯或氢灯为光源，按需要选择组分的最大吸收波长为检测波长，从而提高灵敏度。光电二极管阵列检测器是一种光学多通道检测器，光源发的光通过流通池时，被组分选择性吸收后，具有组分光谱特征。此透过光再进入单色器，照射在二极管阵列装置上，使每个纳米波长的光强度成相应的电信号强度，即获得组分的吸收光谱。经计算机处理，将每个组分的吸收光谱和样品的色谱图结合在一张三维坐标图上，获得三维光谱-色谱图，同时用于组分的定性和定量分析。这种新型检测器可提供色谱分离、定性定量的丰富信息，在体内药物分析和中草药成分分析中都有广泛应用。

② 荧光检测器。适用于能产生荧光的物质和通过荧光衍生化转变成的荧光衍生物的检测。例如许多药物、生物胺、氨基酸、维生素和甾体化合物等。荧光检测器基于固定实验条件下，荧光强度与组分浓度成线性关系而直接用于定量分析。它具有高灵敏度（最小检测浓度达 $10^{-12}\text{g}\cdot\text{mL}^{-1}$）和选择性，也是体内药物分析常用检测器之一。

③ 示差折光检测器。示差折光检测器依据不同性质的溶液对光具有不同的折射率，来对组分进行检测，测得的折射率值与样品组分浓度成正比。RID 是通用型检测器，不破坏样品，但检测灵敏度低，不能用于梯度洗脱。

④ 电化学检测器。电化学检测器是依据组分在氧化还原过程中的电流或电压变化对样品进行检测，主要用于离子色谱，具有灵敏度高和选择性好的特点。

2. 高效液相色谱仪的使用

以岛津 LC-20AT 液相色谱仪为例，介绍高效液相色谱仪的使用方法。

（1）仪器实图　岛津 LC-20AT 液相色谱仪如图 2-46 所示。

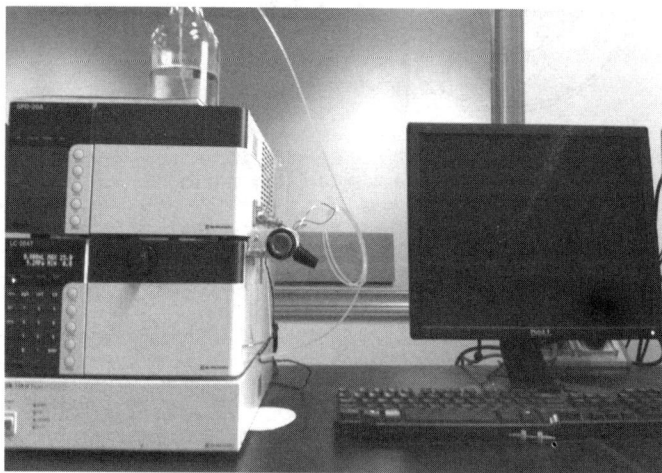

图 2-46　岛津 LC-20AT 液相色谱仪

（2）操作规程

① 开关及顺序。

开机顺序：依次打开 LC 各单元电源、控制器电源、电脑、LC-solution 工作站，开机后能听到"哔"声。

关机顺序：与开机顺序相反，即先关闭 LC-solution 工作站 ，再关闭控制器、LC 各单元电源。

② 流动相及样品的准备。流动相配制所用的有机相必须是色谱级的，所用的水必须是双重蒸馏水。流动相必须经过 $0.45\mu m$ 以下的微孔滤膜过滤后方能进入 LC 系统。水和有机相所用的微孔滤膜不同，有机相（如甲醇）的过滤用有机膜（F 膜），水用水膜。

样品溶液亦必须用 $0.45\mu m$ 的微孔滤膜过滤后才能进样。

③ 工作站的进入及系统的开启。双击桌面上的 lab solution 图标，单击 分析 进入工作站。首先打开泵上的排气阀（open 方向旋转 $180°$）。然后按泵面板上的 purge 键开始自动清洗流路 3min，再次按下 purge 键，关上排气阀（close 方向旋转 $180°$），然后再分析参数设置页中设置流速 $1mL \cdot min^{-1}$，并设置合适的检测波长、柱温、停止时间。在完成后点击 Download 将分析参数传输至主机。

分析方法保存：选择文件—保存方法文件为—取名保存文件。

系统的启动：点击 instrument on/off 键开启系统（此时泵开始工作）。

④ 进样准备。观察基线及柱压，待基线平直（$-5\sim80mV$），压力稳定（$0.5MPa$ 内）时方可进样。

⑤ 进样。点击助手栏中的 单次运行 键，弹出对话框，在对话框中输入"样品名""方法""数据文件"等。

填完后点击 确定 ，出现触发窗口，（手动）进样，仪器开始自动采集分析。

⑥ 数据文件的调用及查看。点击助手栏中的 数据分析 键，打开数据处理窗口。打开文件搜索器，定位至数据文件所在文件夹，选择文件的类型，双击文件名即可打开数据文件（此时可以查看峰面积、保留时间等参数）。

⑦ 数据文件中图谱及数据的打印。

报告模板的制作：在助手栏中选择 报告模板 键，出现空白页后，点击 样品信息 、 LC\PDA 色谱 、 LC\PDA 峰表 等快捷按钮，在空白页中拖拽鼠标，即可一次加入相应的统计信息。

报告模板的保存： 文件 — 保存报告模板文件 。

数据文件的打印：在文件搜索器中选择欲打印的数据文件，拖拽至报告模板中，然后点击助手栏中的打印按钮即可。（也可根据不同方法进行定量处理后打印）。

3. 高效液相色谱仪使用的注意事项

① 流动相及样品必须用 $0.45\mu m$ 的滤膜过滤，流动相不能含有腐蚀性物质（水相用水膜，有机相用有机膜）。

② RINSE 液可以用甲醇。流路在使用前必须 purge 3min 以排气泡。

③ 柱子在进样前必须用流动相充分平衡，一般 40min 左右。待基线及柱压稳定后方可进样。

④ 柱子在每天分析结束后必须用甲醇冲洗干净（一般 30min）。如果流动相中含有盐、酸等成分，则冲洗柱子的程序为：90％的水（40min）—纯甲醇（30min）。

⑤ 清洗瓶中的水应每天更换，最好加入 10％的异丙醇。

⑥ 防止任何固体微粒进入泵，泵的工作压力不能超过规定最高压力，泵工作时应防止溶剂瓶内流动相被用完。

⑦ 色谱柱的正确使用和维护十分重要，在操作中应注意选择适宜的流动相，避免破坏固定相；避免压力、温度剧变和机械震动；对生物样品、基质复杂样品在注入前应进行预处理；经常用强溶剂冲洗色谱柱，清除柱内杂质。

⑧ 在进行梯度洗脱时应注意溶剂的互溶性，不相混溶的溶剂不能做梯度洗脱的流动相，另外溶剂纯度要高。

六、DDS-307A 型电导率仪操作规程

DDS-307A 型电导率仪见图 2-47。

图 2-47　DDS-307A 型电导率仪

1. 开机前的准备

① 将多功能电极架插入多功能电极架插座中，并拧好。

② 将电导电极（DJS-0.1C）及温度电极安装在电极架上。

③ 用纯化水清洗电极。

2. 操作流程

① 连接电源线，打开仪器开关，此时仪器进入测量状态；待预热 30min 后进行仪器校准。

② 在测量状态下，按仪器面板上的 电导率/TDS 键将仪器切换到电导率测量界面，按温度键设置当前的温度值；按 电极常数 和 常数调节 键进行电极常数的设置。

③ 温度设置：仪器接上温度电极，将温度电极放入待测溶液中，仪器显示的温度数值为自动测量溶液的温度值，仪器自动进行温度补偿，此时不需要进行温度设置。

④ 电极校准：仪器每天使用前必须进行电极常数的设置及校准，设置时根据所选择电极上标注的电极常数值进行设置（纯化水测量选择电极常数为 0.1 的电导电极进行测试）。

a. 按仪器面板上电极常数，电极常数的显示在 10、1、0.1、0.01 之间转换，如果电导

率电极标贴的电极常数为 0.1010，则选择 0.1 并按确认键；再按常数数值↓或常数数值↑使常数数值显示"1.010"，按确认键，此时完成电极常数及数值的设置，设置完毕后按"电导率/TDS"键，返回测量状态。

b. 将电导电极接入仪器，断开温度电极，设置手动温度为 25.0℃，此时仪器显示的电导率值是未经温度补偿的绝对电导率值。

c. 用蒸馏水清洗电导电极，将电导电极浸入标准溶液中（0.01mol·L^{-1} 氯化钾溶液）。

d. 控制溶液温度恒定为 25.1～24.9℃，把电极浸入标准溶液中，读取仪器电导率值 $K_{测}$。

e. 按照公式计算电极常数 J：$J = K/K_{测}$（式中 K 为溶液标准电导率；25℃下 0.01mol·L^{-1} 氯化钾溶液的标准电导率为 0.0014083）。

⑤ 测量：仪器进入电导率测量状态下，采用温度传感器，仪器接上电导电极、温度电极，用纯化水清洗电极头部，再用被测溶液清洗一次。

a. 将温度电极、电导电极浸入被测溶液中，用玻璃棒搅拌溶液（或通过不断摇动被测液体容器）使溶液均匀。

b. 于显示屏上读取溶液的电导率值。（此时显示屏上所显示的温度值为温度电极自动测量的溶液温度值，仪器所显示的电导率值为自动进行温度补偿的数值。）

3. 注意事项

① 长期不使用的电极应贮存在干燥的地方，电极使用前必须放入蒸馏水中浸泡数小时，经常使用的电极应放入蒸馏水中。

② 电极应于每天测量前进行常数标定。

七、WXG-4 型旋光仪操作规程

WXG-4 型旋光仪如图 2-48 所示。

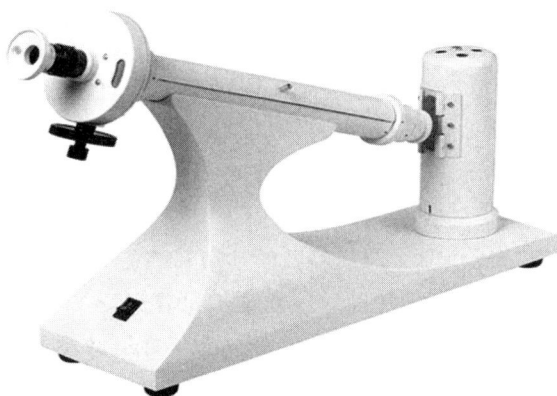

图 2-48　WXG-4 型旋光仪

① 接通电源。

② 接通电源后，将电源开关打开，预热 15min，等待稳定。

③ 准备旋光管，用纯化水清洗旋光管 3 次。将旋光管一端用光学玻璃片盖好，用螺旋帽旋紧。将管子直立，用校准溶液（空白溶剂）小心装满，用另一玻璃片平贴管口，平行推

进盖严管口，用螺旋帽旋紧，注意旋光管内不得有气泡。

④ 调零。将旋光管外壁及两边镜片擦干净（用擦镜纸），然后放入样品室中，盖上样品室盖。转动检偏镜，至视场中三分视野出现明暗全等景象，如图 2-49 所示。读取刻度盘读数，记下读数值，检偏镜的旋转方向记为零点（顺时针旋转为右旋，记作＋或 R；反之为左旋，记作－或 L）。或放松刻度盘背面螺钉，微微转动盘盖校正至零点。

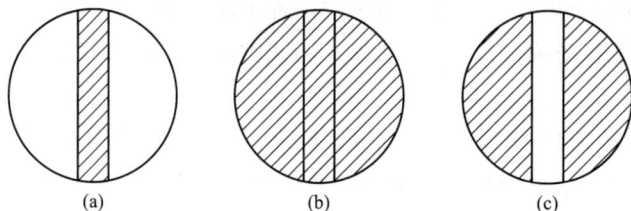

图 2-49　三分视野示意图

⑤ 测试。

a. 将供试品溶液放入恒温水浴槽，将溶液进行升温后待测。

b. 用控温后的供试品溶液将旋光管润洗 3 次，将供试品溶液注入旋光管中，旋光管内不能有气泡，将旋光管外壁及两边镜片擦干净，按相同的位置和方向放入样品室中。

c. 按上述方法转动检偏镜，至视场中三分视野出现明暗全等景象。读取刻度盘读数，记下读数值和检偏镜的旋转方向（顺时针旋转为右旋，记作＋或 R；反之为左旋，记作－或 L）。每个样品读取 3 次，取平均值。

⑥ 测定后，取出旋光管，用纯水清洗干净，擦拭后干燥保存。

⑦ 关开关：测试后将开关关上。

⑧ 注意事项

a. 每天使用前必须进行校验；

b. 仪器应安装在坚固的工作台上，必须避免震动。仪器四周距离墙壁至少 10cm 以上，以保证及时散热；

c. 仪器应保持干燥，避免潮气及腐蚀性气体侵蚀，尽可能在 20℃的工作环境中使用仪器；

d. 仪器不使用时，样品室放硅胶吸潮，保持样品室干净和干燥（硅胶变色应及时更换）。

⑨ 记录：在使用自动旋光仪时，应准确及时地填写"旋光仪使用记录"，并对旋光仪采取维护、保养等操作时应准确及时地填写"仪器维护保养记录"。

（本项目编写人：田宗明、秦永华、刘悦）

模块三　化学分析实训

实训一　分析天平称量练习

一、实训目标

知识目标：

1. 掌握分析天平的使用方法。
2. 熟悉直接称量、固定质量称量和减量称量。

能力目标：

1. 熟练应用直接称量和减量称量两种称量方法。
2. 学会固定质量称量法。

二、实训原理

分析天平是定量分析主要仪器之一。常用的分析天平有半机械加码电光天平、全机械加码电光天平和电子天平。现在多用电子天平。电子天平是根据电磁力平衡原理，直接称量，全程不需要砝码，数秒即达平衡，显示读数，称量速度快，精密度高。

称量方法有直接称量法、固定质量称量法和减量称量法。直接称量法适用于称量不吸水、在空气中性质稳定的固体；固定质量称量法适用于称量液体或固体的细粉末，且不吸水，在空气中性质稳定；减量称量法适用于称量易吸水、易氧化或易与 CO_2 反应的物质。

三、仪器和试剂

仪器：电子天平，称量瓶。

试剂：NaCl 固体粉末样品。

扫一扫

3-1　电子天平的使用

四、实训步骤

1. 观看分析天平称量实验教学录像。
2. 电子天平直接称量法称重称量瓶。

检查天平是否水平、天平盘有无遗撒有药品粉末、框罩内外是否清洁。若天平较脏，则用软毛刷清扫干净	⟹	检查电源，并通电预热。按下天平 POWER 键(有些型号 ON 键)
⟸	当显示器显示 "0.0000" 后可称量	⟹	移开天平两侧门，将称量瓶放入盘中央，关上侧门，待天平读数静止后，记录称量瓶的质量

3. 电子天平减量称量练习：称量 NaCl 样品 3 份，每份约 0.2g。

用直接称量法称出(称量瓶+NaCl)初重m_1	→	将称量瓶拿到烧杯上方，轻轻敲出少量样品后，再放到天平盘上称量，质量为m_2

→	m_1-m_2即为敲出样品的质量，要求在0.15~0.25g。反复操作，可称量第2份、第3份样品	→	称量结束，关好侧门，按 POWER 键(有些型号 OFF 键)，切断电源，填写使用登记卡

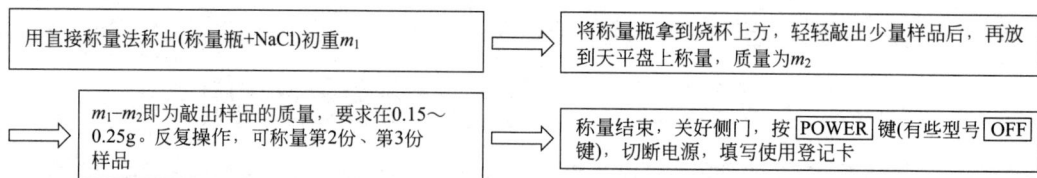

五、数据记录与处理

测定序号 数据记录与计算	1	2	3
直接法称称量瓶质量/g			
(NaCl＋瓶)初重/g			
(NaCl＋瓶)末重/g			
减量法称 NaCl/g			

六、问题思索

1. 减量称量法称量时，需要调天平零点吗？为什么？
2. 称量氢氧化钠固体的准确质量应用什么称量法？为什么？

七、注意事项

1. 开、关天平旋钮，放、取被称量物，开、关天平侧门以及加、减砝码等，动作要轻缓，切不可用力过猛、过快，以免造成天平部件脱位或损坏。

2. 调节零点和读取称量读数时，要注意天平侧门是否关好。

3. 对于热的或冷的称量物，应置于干燥器内直至其温度与天平温度一致后才能进行称量。

4. 天平箱内不可有任何遗落的药品，如有遗落应及时用毛刷清理干净。

5. 用完天平后应及时关闭，最后在天平使用记录本上登记。

(本实训项目编写人：何苏萍)

实训二 容量仪器的校准

一、实训目标

知识目标：
1. 掌握容量仪器的校准方法。
2. 熟悉常用容量仪器的名称和使用方法。

能力目标：
1. 学会容量仪器的操作。
2. 学会有效数字及其运算。

二、实训原理

滴定管、移液管和容量瓶是滴定分析所用的主要量器，容量仪器的实际容积与它所标示的并非完全相符，因此在准确性要求较高的分析工作中，使用前必须进行容量仪器的校准。

由于玻璃具有热胀冷缩的特性，在不同温度下容量器皿的容积也不同，因此校准玻璃容量器皿时必须规定一个共同温度为标准温度，国际规定为 20℃，即在校准时都将玻璃器皿校准到 20℃ 的实际容积。

容量仪器的校准通常采用两种方法。

1. 相对校准

当两种容积有一定的比例关系的容量仪器配套使用时，可采取相对校准。例如，25mL 移液管与 100mL 容量瓶配套使用时，只要 25mL 移液管的容积等于 100mL 容量瓶容积的 1/4 即可。

2. 绝对校准（称量法）

容量仪器的实际容积均可采用称量法校准，即用天平称得容量仪器容纳或放出纯水的质量，然后根据该温度下水的密度，计算出该量器在 20℃（称为标准温度）时的容积。

将一定温度下水的质量换算成容积时，必须考虑温度对水密度的影响、温度对玻璃容器容积的影响以及空气浮力对称量水质量的影响。为了便于计算，将此三项因素综合校准后得到的值列成表，见表 3-1。

表 3-1　在不同温度下纯水的密度值（空气密度为 $0.0012 \text{g} \cdot \text{mL}^{-1}$，钙钠玻璃膨胀系数为 $2.6 \times 10^{-5} \text{℃}^{-1}$）

$T/℃$	密度$(\rho_T)/\text{g} \cdot \text{mL}^{-1}$	$T/℃$	密度$(\rho_T)/\text{g} \cdot \text{mL}^{-1}$	$T/℃$	密度$(\rho_T)/\text{g} \cdot \text{mL}^{-1}$
10	0.9984	17	0.9976	24	0.9964
11	0.9983	18	0.9975	25	0.9961
12	0.9982	19	0.9973	26	0.9959
13	0.9981	20	0.9972	27	0.9956
14	0.9980	21	0.9970	28	0.9954
15	0.9979	22	0.9968	29	0.9951
16	0.9978	23	0.9966	30	0.9948

根据表 3-1 数值，只要称得某温度下某标示值的容量仪器容纳或放出纯水的质量，除以该温度下纯水的密度，即可计算出该量器在该温度下的实际容积。

例如，一支标示值为 25mL 的移液管，按正确的校准方法操作后，称得纯水的质量为 24.9475g，则该移液管在 20℃ 时实际容积为：

$$V_{实际} = \frac{m_{水}}{\rho_T} = \frac{24.9499\text{g}}{0.9972\text{g} \cdot \text{mL}^{-1}} = 25.02\text{mL}$$

校正值 $\Delta V = V_{实际} - V_{标示} = 25.02\text{mL} - 25.00\text{mL} = 0.02\text{mL}$

准确容积 = 标示值 + 校正值 = 25.00mL + 0.02mL = 25.02mL

也就是说，用该移液管移取 1 次溶液（至刻线）时，实际容积不是 25.00mL，而是 25.02mL。

三、仪器和试剂

仪器：电子天平，酸式滴定管（25mL），移液管（25mL），容量瓶（100mL），磨口锥形瓶（50mL），洗耳球，温度计（100℃）。

试剂：蒸馏水。

四、实训步骤

1. 观看化学实验录像，认清化学实验常用仪器，熟悉其名称、规格、用途、使用方法和注意事项。

2. 洗涤和干燥各种玻璃仪器。

3. 滴定管的校准。

取内外壁洁净、干燥的50mL磨口锥形瓶在天平上称重(称准至0.01g即可)	→	将25mL滴定管洗净后，装入蒸馏水并调节液面至0.00刻度或接近0下某刻度，读数，并记录水温

以每秒3滴的流速从滴定管放出约5mL(要求5mL±0.05mL范围)水于已称重的磨口锥形瓶中，盖紧瓶塞，称重	→	算出水的质量，并查出 ρ_T，算出滴定管这段刻度之间的实际容积

以此类推用上述方法继续校正每隔5mL刻度之间的实际容积

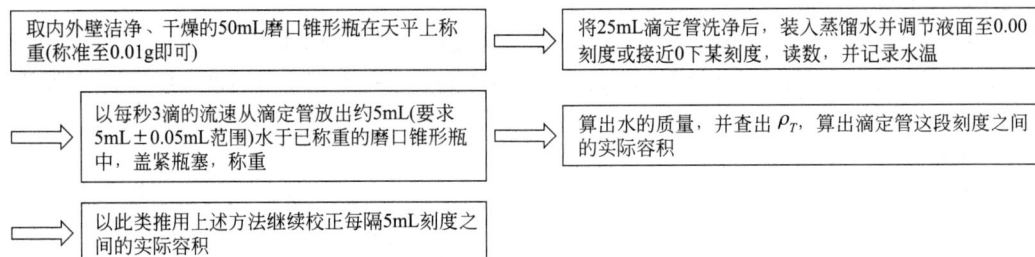

根据放出水的质量，计算放出的水的实际体积，并求出其校准值，如表3-2所示。

表3-2　滴定管校准示例（水的温度为 $25℃$，水的密度为 $0.9961g \cdot mL^{-1}$）

读数	水的体积/mL	瓶加水的质量/g	水的质量/g	实际容积/mL	校准值/mL	总校准值/mL
0.02		29.20(空瓶)				
5.03	5.01	34.20	5.00	5.02	+0.01	+0.01
10.05	5.02	39.22	5.02	5.04	+0.02	+0.03
15.10	5.05	44.24	5.02	5.04	-0.01	+0.02
20.04	4.94	49.18	4.94	4.96	+0.02	+0.04
24.99	4.95	54.14	4.96	4.98	+0.03	+0.07

4. 移液管的校准

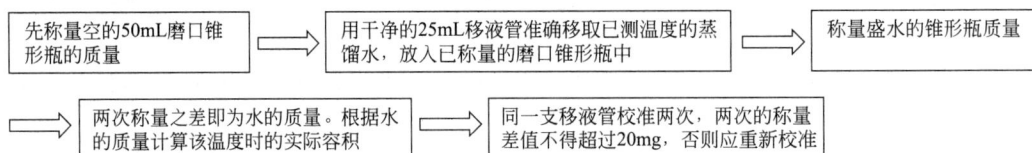

先称量空的50mL磨口锥形瓶的质量	→	用干净的25mL移液管准确移取已测温度的蒸馏水，放入已称量的磨口锥形瓶中	→	称量盛水的锥形瓶质量

两次称量之差即为水的质量。根据水的质量计算该温度时的实际容积	→	同一支移液管校准两次，两次的称量差值不得超过20mg，否则应重新校准

5. 移液管和容量瓶的相对校准

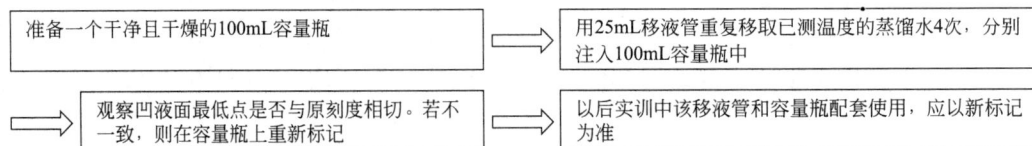

准备一个干净且干燥的100mL容量瓶	→	用25mL移液管重复移取已测温度的蒸馏水4次，分别注入100mL容量瓶中

观察凹液面最低点是否与原刻度相切。若不一致，则在容量瓶上重新标记	→	以后实训中该移液管和容量瓶配套使用，应以新标记为准

五、数据记录与处理

水的温度为____℃，水的密度为_____ $g \cdot mL^{-1}$

1. 滴定管的校准

读数	水的体积/mL	瓶加水的质量/g	水的质量/g	实际容积/mL	校准值/mL
		（空瓶）			

2. 移液管的校准

校准次数	水的体积/mL	空瓶质量/g	瓶加水的质量/g	水的质量/g	实际容积/mL	校准值/mL
第一次	25.00					
第二次	25.00					

3. 移液管和容量瓶的相对校准

观察液面凹处最低点与容量瓶的原刻度线的关系为 _____ 。

A. 相切   B. 比原刻度线低   C. 比原刻度线高

六、问题思索

1. 校准滴定管时，为什么锥形瓶和水的质量只需准确到 0.01g？

2. 滴定管中存在气泡对容积有何影响？应该如何除去？

七、注意事项

1. 校正容量仪器时，必须严格遵守其使用规则。

2. 称量用磨口锥形瓶不得用手直接拿取。

3. 将流液放入磨口锥形瓶时，应使流液口接触磨口以下的内壁，勿接触磨口处。

（本实训项目编写人：何苏萍）

实训三　氢氧化钠标准溶液（0.1mol·L⁻¹）的配制与标定

一、实训目标

知识目标：

1. 掌握滴定管、移液管和容量瓶的使用和滴定操作技能。

2. 掌握滴定终点的判断方法。

3. 熟悉溶液的配制方法及其有关计算。

能力目标：

1. 学会滴定管、移液管和容量瓶的使用，会进行滴定操作。

2. 学会酚酞指示剂的使用，学会判断滴定终点。

扫一扫

3-2　氢氧化钠
标准溶液的
配制与标定

二、实训原理

滴定分析法是将一种已知准确浓度的标准溶液滴加到试样溶液中，直到反应完全为止，然后根据标准溶液浓度和消耗体积求得试样中组分含量的分析方法。学会配制溶液和准确测量溶液体积是滴定分析的基础。

氢氧化钠溶液的标定利用酸碱滴定方法，可以采用基准物质标定法或比较法。

1. 基准物质标定法

标定 NaOH 溶液的基准物质可以用邻苯二甲酸氢钾（$KHC_8H_4O_4$）或草酸（$H_2C_2O_4 \cdot 2H_2O$）等，目前最常用的是邻苯二甲酸氢钾。其滴定反应如下：

$$\begin{array}{c}\text{COOK} \\ \text{COOH}\end{array} + \text{NaOH} = \begin{array}{c}\text{COOK} \\ \text{COONa}\end{array} + H_2O$$

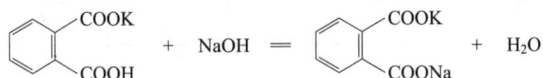

化学计量点时溶液 pH 值约为 9.1，可用酚酞作为指示剂。

NaOH 溶液的溶度可按下式计算：

$$c(\text{NaOH}) = \frac{m(\text{KHC}_8\text{H}_4\text{O}_4) \times 1000}{(V - V_0) \times M(\text{KHC}_8\text{H}_4\text{O}_4)}$$

2. 比较法

用已知准确浓度的盐酸标准溶液标定氢氧化钠溶液浓度：

$$\text{HCl} + \text{NaOH} =\!=\!= \text{NaCl} + H_2O$$

可用酚酞作为指示剂，滴定终点颜色为浅粉色，且在空气中 30s 内不褪色。

NaOH 溶液的浓度可按下式计算：

$$c(\text{NaOH}) = \frac{c(\text{HCl}) \times V(\text{HCl}) \times 10^{-3}}{V(\text{NaOH}) \times 10^{-3}}$$

三、仪器和试剂

仪器：烧杯（500mL），量筒（50mL），玻璃棒，药匙，托盘天平，酸碱一体式滴定管（25mL），移液管（20mL），锥形瓶（250mL，3 个）。

试剂：$0.1\text{mol} \cdot \text{L}^{-1}$ 盐酸标准溶液，NaOH（AR），酚酞指示剂，邻苯二甲酸氢钾。

四、实训步骤

1. 配制 500mL 0.1mol·L^{-1} NaOH 溶液

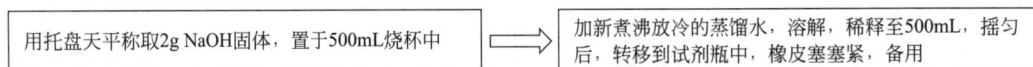

用托盘天平称取2g NaOH固体，置于500mL烧杯中	⟹	加新煮沸放冷的蒸馏水，溶解，稀释至500mL，摇匀后，转移到试剂瓶中，橡皮塞塞紧，备用

2. 0.1mol·L^{-1} NaOH 溶液的标定（基准物质标定法）

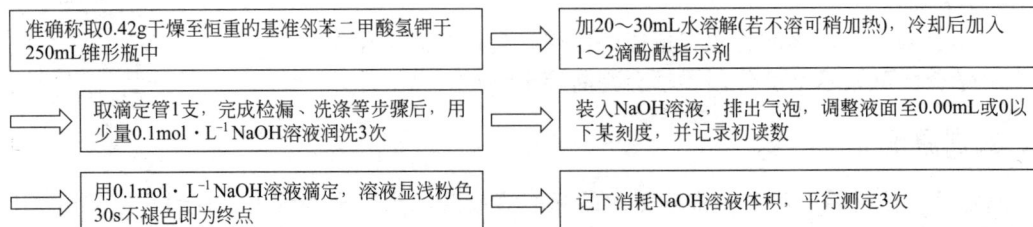

准确称取0.42g干燥至恒重的基准邻苯二甲酸氢钾于250mL锥形瓶中	⟹	加20～30mL水溶解(若不溶可稍加热)，冷却后加入1～2滴酚酞指示剂
⟹ 取滴定管1支，完成检漏、洗涤等步骤后，用少量0.1mol·L^{-1}NaOH溶液润洗3次	⟹	装入NaOH溶液，排出气泡，调整液面至0.00mL或0以下某刻度，并记录初读数
⟹ 用0.1mol·L^{-1}NaOH溶液滴定，溶液显浅粉色30s不褪色即为终点	⟹	记下消耗NaOH溶液体积，平行测定3次

3. $0.1mol \cdot L^{-1}$ NaOH 溶液的标定（比较法）

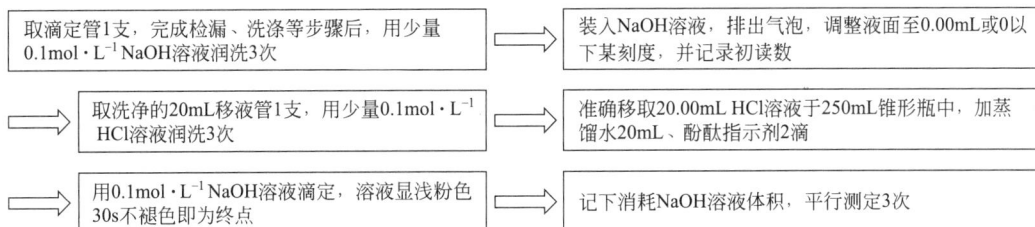

| 取滴定管1支，完成检漏、洗涤等步骤后，用少量 $0.1mol \cdot L^{-1}$ NaOH溶液润洗3次 | ⟹ | 装入NaOH溶液，排出气泡，调整液面至0.00mL或0以下某刻度，并记录初读数 |

| ⟹ | 取洗净的20mL移液管1支，用少量 $0.1mol \cdot L^{-1}$ HCl溶液润洗3次 | ⟹ | 准确移取20.00mL HCl溶液于250mL锥形瓶中，加蒸馏水20mL、酚酞指示剂2滴 |

| ⟹ | 用 $0.1mol \cdot L^{-1}$ NaOH溶液滴定，溶液显浅粉色30s不褪色即为终点 | ⟹ | 记下消耗NaOH溶液体积，平行测定3次 |

五、数据记录与处理

1. $0.1mol \cdot L^{-1}$ NaOH 溶液的标定（基准物质标定法）

数据记录与计算　　　　　测定序号	1	2	3
（邻苯二甲酸氢钾＋瓶）初质量/g			
（邻苯二甲酸氢钾＋瓶）末质量/g			
m（邻苯二甲酸氢钾）/g			
V(NaOH)初读数/mL			
V(NaOH)终读数/mL			
V(NaOH)/mL			
V_0/mL			
c(NaOH)/mol $\cdot$ L^{-1}			
平均值 $\bar{c}$(NaOH)/mol $\cdot$ L^{-1}			
相对平均偏差/%			

2. $0.1mol \cdot L^{-1}$ NaOH 溶液的标定（比较法）

数据记录与计算　　　　　测定序号	1	2	3
c(HCl)/mol $\cdot$ L^{-1}			
V(HCl)/mL			
V(NaOH)初读数/mL			
V(NaOH)终读数/mL			
V(NaOH)/mL			
c(NaOH)/mol $\cdot$ L^{-1}			
平均值 $\bar{c}$(NaOH)/mol $\cdot$ L^{-1}			
相对平均偏差/%			

六、问题思索

1. 滴定管和移液管均需用待装液润洗 3 次原因是什么？锥形瓶是否需要干燥，是否要用待装液润洗？

2. 用盐酸标准溶液滴定氢氧化钠溶液，要用什么指示剂？为什么？

3. 用邻苯二甲酸氢钾为基准物质标定 $0.1mol \cdot L^{-1}$ NaOH 溶液时, 如何计算邻苯二甲酸氢钾的用量?

七、注意事项

1. 用移液管（吸量管）吸液或放液时, 一定要注意保持垂直, 管尖必须与倾斜的器壁接触, 并保持不动, 视不同情况处理放液后残留在管尖的少量液体。

2. 滴定管、移液管在装液前必须用待装液润洗; 锥形瓶、容量瓶不能用待装液润洗。标准溶液不能借助于其他容器装入滴定管中。

3. 滴定管必须排掉气泡, 在滴定过程中和最后读数时始终不得有气泡, 碱式滴定管尤其要注意。对于常量滴定管, 必须读数至小数点后两位。

4. 滴定过程中一定要注意观察溶液颜色的变化, 左手自始至终不能离开滴定管。掌握"左手滴, 右手摇, 眼把瓶中颜色瞧"的基本原则。平行实验时, 每次调节液面均应从同刻度开始, 以消除刻度不均所造成的系统误差; 所用的滴定剂体积不能过少, 也不能超过滴定管的读数范围（预先估算好）, 否则会使误差增大; 临近终点时, 应控制半滴滴加, 瓶壁上有滴定液时, 要用少量蒸馏水淋洗冲入锥形瓶中, 以防残留溶液未反应造成误差。

（本实训项目编写人：何苏萍）

实训四　盐酸标准溶液浓度的标定

一、实训目标

知识目标：

1. 掌握用碳酸钠作为基准物质标定盐酸溶液的方法。
2. 掌握滴定仪器及其操作。
3. 熟悉甲基橙指示剂指示滴定终点的方法。

能力目标：

1. 能够熟练操作分析天平、滴定管、移液管。
2. 学会盐酸标准溶液的配制和标定方法。

3-3　盐酸标准溶液浓度的标定

二、实训原理

酸碱标准溶液的配制有直接法和标定法。市售浓盐酸（HCl）质量分数为 $36\% \sim 38\%$, 密度约 $1.18g \cdot mL^{-1}$。由于浓盐酸易挥发出 HCl 气体, 直接法配制准确度差, 因此要用标定法配制盐酸标准溶液。

标定酸的基准物质, 常用无水碳酸钠或硼砂。本实验采用无水碳酸钠为基准物质, 以甲基橙指示剂指示滴定终点, 终点颜色由黄色变为橙色。反应为：

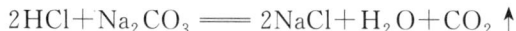

$$2HCl + Na_2CO_3 \Longrightarrow 2NaCl + H_2O + CO_2 \uparrow$$

盐酸溶液的浓度可按下式计算：

$$c(HCl) = \frac{2m(Na_2CO_3) \times \dfrac{20.00}{100.0}}{M(Na_2CO_3) \times V(HCl) \times 10^{-3}}$$

三、仪器和试剂

仪器：电子天平, 玻璃棒, 酸式滴定管（25mL）, 容量瓶（100mL）, 吸量管（5mL）,

量筒（10mL），锥形瓶（250mL），烧杯（500mL、100mL）。

试剂：浓盐酸，甲基橙指示剂（0.1%），无水碳酸钠（270～300℃干燥至恒重）。

四、实训步骤

1. 0.1mol·L⁻¹HCl溶液的配制

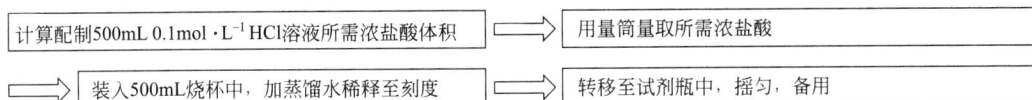

2. 0.1mol·L⁻¹HCl溶液的标定

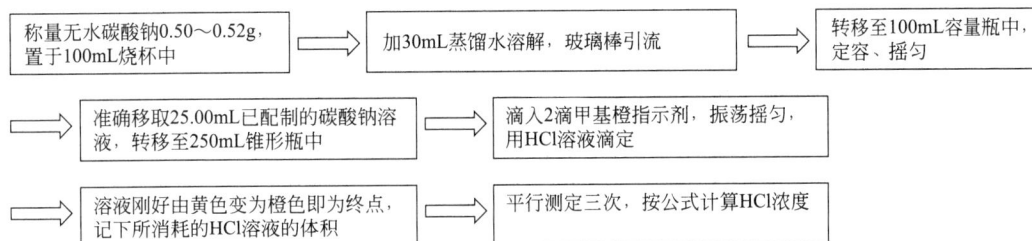

五、数据记录与处理

测定序号 数据记录与计算	1	2	3
(Na_2CO_3＋瓶)初质量/g			
(Na_2CO_3＋瓶)末质量/g			
$m(Na_2CO_3)$/g			
$V(HCl)$初读数/mL			
$V(HCl)$终读数/mL			
$V(HCl)$/mL			
$c(HCl)$/mol·L⁻¹			
平均值$\bar{c}(HCl)$/mol·L⁻¹			
相对平均偏差/%			

六、问题思索

1. 在滴定分析实验中，滴定管、移液管为什么要用待装溶液润洗3次？滴定中使用的锥形瓶或烧杯，是否也要用待装溶液润洗？

2. 下列情况对滴定结果有何影响？

① 滴定完后，滴定管尖嘴外留有液滴。

② 滴定完后，滴定管尖嘴内留有气泡。

③ 滴定过程中，锥形瓶内壁上部溅有滴定液。

④ 滴定前或滴定过程中，往盛有待测溶液的锥形瓶中加入少量蒸馏水。

七、注意事项

1. 本实验中以甲基橙为指示剂，滴定终点由黄色变为橙色，由于橙色是黄色和红色的过渡颜色，不易判断，CO_2 又会使溶液酸度提高，会影响终点判断。

2. 《中国药典》标定 HCl 溶液采取甲基红-溴甲酚绿混合指示剂，并加热煮沸除去 CO_2，以提高分析结果的准确性。

（本实训项目编写人：王东）

实训五　药用硼砂含量的测定

一、实训目标

知识目标：

1. 熟悉称量仪器及其操作。
2. 掌握滴定仪器及其操作。

能力目标：

1. 巩固分析天平、滴定管、移液管的操作和滴定终点的判断。
2. 学会药用硼砂的含量测定方法与计算。
3. 学会多元弱碱被准确滴定的条件和指示剂的选择。

二、实训原理

硼砂分子式为 $Na_2B_4O_7 \cdot 10H_2O$，为无色半透明晶体或白色结晶粉末。硼砂有杀菌作用，口服对人有害。经提炼精制后可做清热解毒药，性凉、味甘咸，可治咽喉肿痛、牙疳、口疮等症。硼砂是强碱弱酸盐，能溶于水，可用盐酸标准溶液直接滴定，其反应为：

$$Na_2B_4O_7 \cdot 10H_2O + 2HCl =\!=\!= 2NaCl + 4H_3BO_3 + 5H_2O$$

滴定至化学计量点时，H_3BO_3 的水溶液呈弱酸性，pH 值＝5.1，可选用甲基红-溴甲酚绿混合指示剂指示滴定终点。

硼砂含量计算公式：

$$w(Na_2B_4O_7 \cdot 10H_2O) = \frac{\frac{1}{2}c(HCl) \times V(HCl) \times M(Na_2B_4O_7 \cdot 10H_2O) \times 10^{-3}}{m(Na_2B_4O_7 \cdot 10H_2O)} \times 100\%$$

三、仪器和试剂

仪器：电子天平，酸式滴定管（25mL），量筒（100mL），锥形瓶（250mL），电炉，玻璃棒，药匙。

试剂：硼砂，盐酸标准溶液（$0.1mol \cdot L^{-1}$，已标定），甲基红-溴甲酚绿混合指示剂。

四、实训步骤

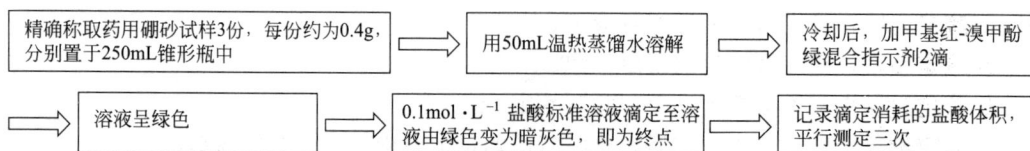

五、数据记录与处理

数据记录与计算 ＼ 测定序号	1	2	3
$(Na_2B_4O_7 \cdot 10H_2O +$ 瓶$)$ 初质量/g			
$(Na_2B_4O_7 \cdot 10H_2O +$ 瓶$)$ 末质量/g			
$m(Na_2B_4O_7 \cdot 10H_2O)$ /g			
$c(HCl)$/mol $\cdot$ L^{-1}			
$V(HCl)$初读数/mL			
$V(HCl)$终读数/mL			
$V(HCl)$/mL			
$w(Na_2B_4O_7 \cdot 10H_2O)$ /%			
平均值 $\overline{w}(Na_2B_4O_7 \cdot 10H_2O)$ /%			
相对平均偏差/%			

六、问题思索

本实验能用甲基橙或酚酞指示剂吗?

七、注意事项

易溶于水的一元弱碱或多元弱碱,如碳酸钠、碳酸氢钠、碳酸钾、磷酸钠等,符合被强酸滴定条件,均可用本实验方法直接测定。指示剂根据滴定曲线和滴定突跃范围选择。

(本实训项目编写人:王东)

实训六 铵盐中氮含量的测定(甲醛法)

一、实训目标

知识目标:

1. 掌握滴定操作。
2. 熟悉称量仪器及其操作。
3. 了解利用间接滴定法进行含量的测定。

能力目标:

1. 学会用酸碱滴定法间接测定铵盐中的氮含量。
2. 掌握天平、移液管的使用。

二、实训原理

铵盐是强酸弱碱盐,可用酸碱滴定法测定其含量,但由于 NH_4^+ 的酸性太弱($K_a = 5.6 \times 10^{-10}$),不能用 NaOH 标准溶液直接滴定,生产和实训室中广泛采用甲醛法测定铵盐中的氮含量。

铵盐中氮的测定可选用甲醛法或蒸馏法测定。甲醛法操作简单、迅速,但必须严格控制操作条件，否则结果易偏低。

硫酸铵与甲醛作用，可生成质子化六亚甲基四胺（六亚甲基四胺是弱碱，$K_a = 1.4 \times 10^{-9}$）和酸，用碱标准溶液滴定生成的酸，其反应为：

$$4NH_4^+ + 6HCHO = (CH_2)_6N_4H^+ + 3H^+ + 6H_2O$$

$$(CH_2)_6N_4H^+ + 3H^+ + 4OH^- = (CH_2)_6N_4 + 4H_2O$$

到达化学计量点时，溶液 pH 值约为 8.8，故可用酚酞作指示剂。根据 H^+ 与 NH_4^+ 等化学计量关系，可间接求 $(NH_4)_2SO_4$ 中的氮含量。计算公式：

$$w(N) = \frac{c(NaOH) \times V(NaOH) \times \frac{14.1}{100} \times 10^{-3}}{m(铵盐) \times \frac{25.00}{250.0}}$$

三、仪器和试剂

仪器：电子天平，移液管（20mL），量筒（10mL），锥形瓶（250mL），碱式滴定管（25mL），烧杯（100mL、500mL），容量瓶（250mL）。

试剂：固体 $(NH_4)_2SO_4$，NaOH（分析纯），原装甲醛（40%），1%甲基红指示剂，2%酚酞指示剂。

四、实训步骤

1. NaOH 标准溶液浓度的标定（见实训三）
2. 甲醛溶液的处理

取10mL原装甲醛(40%)的上层清液于100mL烧杯中，用水稀释一倍，加入1~2滴0.2%酚酞指示剂 ⟹ 用0.1mol·L⁻¹ NaOH标准溶液中和至甲醛溶液呈淡红色

3. 铵盐中氮含量的测定

准确称取1.6~1.8g $(NH_4)_2SO_4$ 于100mL烧杯中，用适量蒸馏水溶解 ⟹ 定量转移至250mL容量瓶 ⟹ 用蒸馏水稀释至刻度，摇匀

⟹ 用移液管移取试液25mL于锥形瓶中，加1~2滴甲基红指示剂 ⟹ 加入8mL已中和的20%甲醛溶液，再加入1~2滴酚酞指示剂摇匀，静置1min

⟹ 用0.1mol·L⁻¹ NaOH 标准溶液滴定至淡红色。记录读数，平行做3次

五、数据记录与处理

数据记录与计算＼测定序号	1	2	3
$m[(NH_4)_2SO_4]/g$			
$c[(NH_4)_2SO_4]/mol \cdot L^{-1}$			
$c(NaOH)/mol \cdot L^{-1}$			
$V(NaOH)$初读数$/mL$			
$V(NaOH)$终读数$/mL$			

测定序号 数据记录与计算	1	2	3
$V(NaOH)/mL$			
氮含量/%			
氮含量平均值/%			
相对平均偏差/%			

六、思考题

1. 铵盐中氮含量的测定为何不采用 NaOH 直接滴定法？

2. 为什么中和甲醛试剂中的甲酸以酚酞作指示剂，而中和铵盐试样中的游离酸则以甲基红作指示剂？

3. NH_4HCO_3 中氮含量的测定，能否用甲醛法？

七、注意事项

1. 如果铵盐中含有游离酸，应事先中和除去，先加甲基红指示剂，用 NaOH 溶液滴定至溶液呈橙色，然后再加入甲醛溶液进行测定。

2. 甲醛中常含有微量甲酸，应预先以酚酞为指示剂，用 NaOH 溶液中和至溶液呈淡红色。

3. 滴定中途，要将锥形瓶壁的溶液用少量蒸馏水冲洗下来，否则将增大误差。

（本实训项目编写人：王东）

实训七 食醋中总酸度的测定

一、实训目标

知识目标：

1. 掌握移液管、碱式滴定管的使用和滴定操作方法。

2. 熟悉强碱滴定弱酸的条件和酸碱指示剂的选择。

能力目标：

1. 学会食醋中总酸度的测定方法。

2. 巩固碱式滴定管、移液管的使用和滴定操作。

3. 学会判断酸碱指示剂指示强碱滴定弱酸的终点。

二、实训原理

食醋是一种混合酸，其主要成分是乙酸（HAc），它是一种有机弱酸（$K_a = 1.8 \times 10^{-5}$），此外还含有少量的其他有机弱酸如乳酸等。当用 NaOH 标准溶液直接滴定时，测定的是食醋的总酸度，用主要成分乙酸的含量来表示，与 NaOH 反应如下：

$$HAc + NaOH \Longrightarrow NaAc + H_2O$$

因为产物 NaAc 为强碱弱酸盐，化学计量点呈弱碱性，pH 值约为 8.7，所以选用酚酞作指示剂，因变色区间落在碱性区域。若使用甲基橙或甲基红，因变色区间落在酸性区域，则会产生很大的滴定误差。

$$\rho(HAc) = \frac{c(NaOH) \times V(NaOH) \times M(HAc) \times 10^{-3}}{4.00 \times 10^{-3}} (g \cdot L^{-1})$$

三、仪器和试剂

仪器：碱式滴定管（25mL），锥形瓶（250mL，3个），吸量管（5mL）。

试剂：NaOH 标准溶液（0.1mol·L^{-1}），食醋，酚酞指示剂。

四、实训步骤

用吸量管量取食醋4.00mL于250mL锥形瓶中 → 加20mL蒸馏水稀释，加酚酞指示剂2滴 → 用0.1mol·L^{-1}NaOH标准溶液滴定至溶液呈浅粉色

→ 溶液颜色30s不褪即为终点，记录NaOH标准溶液的体积 → 平行测定三次并做空白试验计算样品中总酸含量

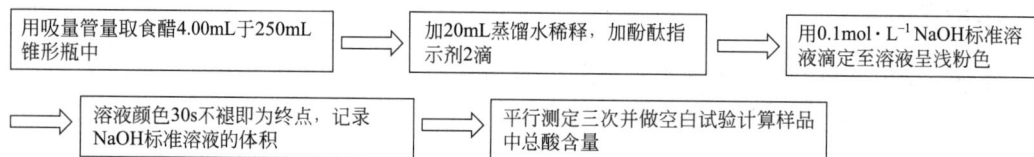

五、数据记录与处理

数据记录与计算 ＼ 测定序号	1	2	3
$c(NaOH)$ /mol·L^{-1}			
$V(NaOH)$初读数/mL			
$V(NaOH)$终读数/mL			
$V(NaOH)$/mL			
$\rho(HAc)$/g·mL^{-1}			
平均值 $\bar{\rho}(HAc)$/g·mL^{-1}			
相对平均偏差/%			

六、问题思索

1. 吸量管和锥形瓶滴定前是否需要用食醋润洗？为什么？

2. 以 NaOH 溶液滴定 HAc 溶液，属于哪类滴定？怎样选择指示剂？

3. 加入 20mL 蒸馏水的作用是什么？

七、注意事项

1. 市售老陈醋颜色较深，需经活性炭脱色。根据所标识的乙酸含量范围，粗略估算其物质的量浓度，加水稀释至约 0.1mol·L^{-1} 溶液，再测定。

2. 注意食醋取后应立即将试剂瓶盖盖好，防止挥发。

3. NaOH 标准溶液侵蚀玻璃，长期保存最好用塑料瓶贮存，在一般情况下可用玻璃瓶贮存，但必须用橡皮塞。

（本实训项目编写人：吴志恒）

实训八 高氯酸标准溶液浓度的标定

一、实训目标

知识目标：
1. 掌握非水溶液酸碱滴定的原理及操作。
2. 熟悉滴定仪器及其操作。

能力目标：
1. 能判断结晶紫作指示剂的滴定终点。
2. 学会高氯酸溶液的配制和标定方法。

二、实训原理

在乙酸溶液中，高氯酸的酸性最强。因此在非水滴定中常采用高氯酸的乙酸溶液作为滴定碱的标准溶液。高氯酸、乙酸均含有水分，需要加入乙酸酐以除去其中的水分。

高氯酸标准溶液通常用间接法配制。标定高氯酸标准溶液通常以邻苯二甲酸氢钾为基准物质，结晶紫作指示剂。滴定反应如下：

高氯酸乙酸溶液的浓度可按下式计算：

$$c(\mathrm{HClO_4}) = \frac{m(\text{邻苯二甲酸氢钾})}{M(\text{邻苯二甲酸氢钾}) \times V(\mathrm{HClO_4}) \times 10^{-3}}$$

式中，$V(\mathrm{HClO_4})$ 为空白校正后的体积。

三、仪器和试剂

仪器：电子天平，微量滴定管（10mL），量筒（100mL、20mL），锥形瓶（50mL），烧杯（500mL）。

试剂：高氯酸（AR，70%～75%），乙酸（AR），乙酸酐（AR），邻苯二甲酸氢钾（基准物质，105～110℃干燥至恒重），结晶紫指示剂（0.5g结晶紫溶于100mL无水乙醇）。

四、实训步骤

1. $0.1\mathrm{mol \cdot L^{-1}}$ 高氯酸标准溶液的配制

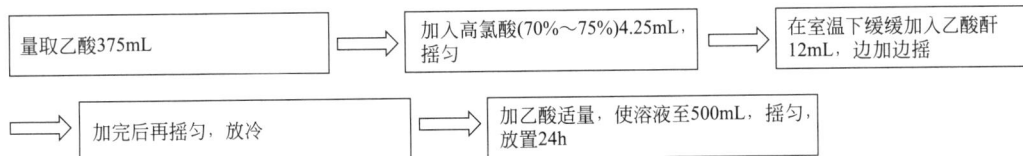

量取乙酸375mL	⇒	加入高氯酸(70%～75%)4.25mL，摇匀	⇒	在室温下缓缓加入乙酸酐12mL，边加边摇

⇒	加完后再摇匀，放冷	⇒	加乙酸适量，使溶液至500mL，摇匀，放置24h

2. $0.1\mathrm{mol \cdot L^{-1}}$ 高氯酸标准溶液的标定

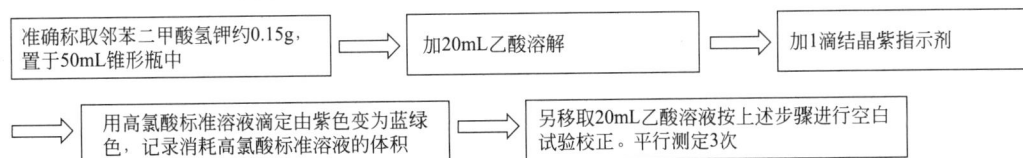

准确称取邻苯二甲酸氢钾约0.15g，置于50mL锥形瓶中	⇒	加20mL乙酸溶解	⇒	加1滴结晶紫指示剂

⇒	用高氯酸标准溶液滴定由紫色变为蓝绿色，记录消耗高氯酸标准溶液的体积	⇒	另移取20mL乙酸溶液按上述步骤进行空白试验校正。平行测定3次

五、数据记录与处理

测定序号 数据记录与计算	1	2	3
（KHP＋瓶）初重/g			
（KHP＋瓶）末重/g			
m（KHP）/g			
V（$HClO_4$）初读数/mL			
V（$HClO_4$）终读数/mL			
V（$HClO_4$）/mL			
$V_{空白}$/mL			
c（$HClO_4$）/mol·L^{-1}			
平均值 $\bar{c}$（$HClO_4$）/mol·L^{-1}			
相对平均偏差/%			

六、问题思索

1. 为什么邻苯二甲酸氢钾既能滴定酸又能滴定碱？
2. 为什么滴定中要做空白试验？

七、注意事项

1. 所用仪器必须干燥干净。
2. 高氯酸需要密封保存在棕色瓶中。
3. 样品称量要迅速，避免吸收空气中的水分。
4. 配制高氯酸标准溶液时，乙酸酐不能直接加入高氯酸溶液中，应先用乙酸稀释高氯酸后，再缓慢加入乙酸酐。
5. 标定时要记下室温。
6. 微量滴定管的使用和读数（估重时按 8mL 计算；读数可读至小数点后第 3 位，最后一位为"5"或"0"）。

（本实训项目编写人：戴静波）

实训九 乳酸钠注射液中乳酸钠含量的测定

一、实训目标

知识目标：
1. 掌握非水溶液酸碱滴定的原理及操作。
2. 了解乳酸钠的测定方法。

能力目标：
1. 能对结晶紫作指示剂的滴定终点做出准确判断。

2. 学会乳酸钠含量的测定。

二、实训原理

乳酸钠注射液是由注射用乳酸钠无菌水溶液，或注射用无菌乳酸与氢氧化钠反应制得，具有弱碱性，在乙酸溶液中碱性增强，可用高氯酸乙酸标准溶液滴定其含量，结晶紫为指示剂。滴定反应如下：

$$CH_3CHOHCOONa + HClO_4 \Longrightarrow CH_3CHOHCOOH + NaClO_4$$

乳酸钠的质量可按下式计算：

$$m(乳酸钠) = c(HClO_4) \times V(HClO_4) \times 10^{-3} \times M(乳酸钠)$$

式中，$V(HClO_4)$ 为空白校正后的体积。

三、仪器和试剂

仪器：微量滴定管（10mL），量筒（50mL、20mL），锥形瓶（50mL），烘箱。

试剂：$0.1mol \cdot L^{-1}$ 高氯酸标准溶液（已标定），乳酸钠注射液，乙酸（AR），乙酸酐，结晶紫指示剂（0.5g 结晶紫溶于 100mL 无水乙醇中）。

四、实训步骤

| 精确移取2mL乳酸钠注射液于锥形瓶中 | ⇒ | 在105℃干燥1h | ⇒ | 加乙酸15mL与乙酸酐2mL，加热使溶解，放冷 |

| ⇒ | 加结晶紫指示剂1滴 | ⇒ | 用0.1mol·L⁻¹高氯酸标准溶液滴定至蓝绿色，记录消耗高氯酸标准溶液的体积 | ⇒ | 滴定结果用空白试验校正。平行测定3次 |

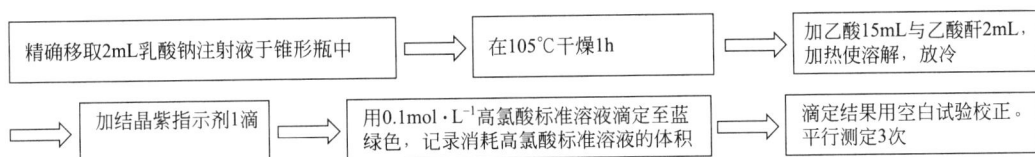

五、数据记录与处理

测定序号 数据记录与计算	1	2	3
$V(HClO_4)$初读数/mL			
$V(HClO_4)$终读数/mL			
$V(HClO_4)$/mL			
$V_{空白}$/mL			
$c(HClO_4)$ /mol·L⁻¹			
$m(乳酸钠)$ /g			
平均值 $\overline{m}(乳酸钠)$/g			
相对平均偏差/%			

六、问题思索

1. 乳酸钠在水溶液中可以被滴定吗？
2. 乳酸钠为什么要去除水分？

七、注意事项

1. 所用仪器必须是干燥干净的。

2. 高氯酸和乙酸有腐蚀性，刺激黏膜，使用时要小心。

（本实训项目编写人：戴静波）

实训十　生理盐水中氯化钠含量的测定

一、实训目标

知识目标：

1. 掌握铬酸钾指示剂法的原理。
2. 熟悉 $AgNO_3$ 溶液的配制与标定。

能力目标：

1. 能够准确判断滴定终点。
2. 能够准确进行滴定操作。

二、实训原理

铬酸钾指示剂法（莫尔法）是以 $AgNO_3$ 为标准溶液，铬酸钾为指示剂，在中性或弱碱性溶液中直接测定氯化物。主要反应如下：

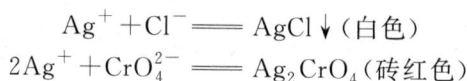

$$Ag^+ + Cl^- \Longrightarrow AgCl\downarrow（白色）$$
$$2Ag^+ + CrO_4^{2-} \Longrightarrow Ag_2CrO_4（砖红色）$$

由于 AgCl 的溶解度比 Ag_2CrO_4 小。当 Cl^- 被定量完全后，稍过量的 Ag^+ 即与 CrO_4^{2-} 反应生成砖红色的 Ag_2CrO_4 沉淀，它与白色 AgCl 沉淀一起，使溶液略带橙红色即为终点。

按下式计算 $AgNO_3$ 的浓度：

$$c(AgNO_3) = \frac{m(NaCl)}{M(NaCl) \times V(AgNO_3) \times 10^{-3}}$$

本法可用于测定生理盐水中 NaCl 的含量：

$$\rho(NaCl) = \frac{c(AgNO_3) \times V(AgNO_3) \times M(NaCl)}{10.00}（g \cdot L^{-1}）$$

三、仪器和试剂

仪器：电子天平，棕色酸式滴定管，烧杯（100mL），锥形瓶（250mL），容量瓶（100mL），移液管（20.00mL），量筒（5mL）。

试剂：$AgNO_3$（AR），NaCl（基准试剂），使用前在高温炉中于 $500\sim600℃$ 下干燥 2～3h，贮于干燥器内备用；K_2CrO_4 溶液（5%）。

四、实训步骤

1. $0.1mol \cdot L^{-1}$ $AgNO_3$ 溶液的配制和标定

（1）$0.1mol \cdot L^{-1}$ $AgNO_3$ 溶液的配制

称取8.5g AgNO₃晶体于100mL烧杯中，用少量蒸馏水溶解	⟹	稀释至100mL左右，摇匀后，贮存于棕色试剂瓶中，置于暗处备用

（2）$0.1mol \cdot L^{-1}$ $AgNO_3$ 溶液的标定

| 准确称取0.55~0.65g NaCl基准试剂于小烧杯中 | ⇒ | 加蒸馏水30mL，完全溶解，转移至100mL容量瓶中，定容后摇匀 | ⇒ | 精确移取20.00mL此溶液于250mL锥形瓶中 |

| ⇒ | 加20mL蒸馏水和1mL 5% K_2CrO_4指示剂，在不断摇动下用$AgNO_3$溶液滴定 | ⇒ | 白色沉淀中出现砖红色时，记录$AgNO_3$溶液的体积，平行测定三次并做空白 |

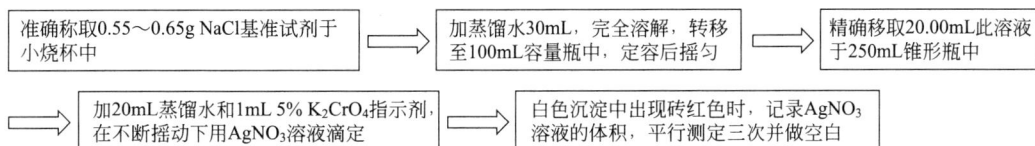

2. 测定生理盐水中 NaCl 的含量

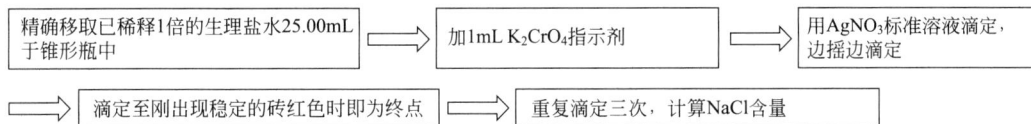

| 精确移取已稀释1倍的生理盐水25.00mL于锥形瓶中 | ⇒ | 加1mL K_2CrO_4指示剂 | ⇒ | 用$AgNO_3$标准溶液滴定，边摇边滴 |

| ⇒ | 滴定至刚出现稳定的砖红色时即为终点 | ⇒ | 重复滴定三次，计算NaCl含量 |

五、数据记录与处理

1. $0.1mol \cdot L^{-1}$ $AgNO_3$ 溶液的标定

数据记录与计算 ＼ 测定序号	1	2	3
（NaCl＋瓶）初质量/g			
（NaCl＋瓶）末质量/g			
m（NaCl）/g			
V（$AgNO_3$）初读数/mL			
V（$AgNO_3$）终读数/mL			
V（$AgNO_3$）/mL			
c（$AgNO_3$）/mol·L^{-1}			
平均值$\bar{c}$（$AgNO_3$）/mol·L^{-1}			
相对平均偏差/%			

2. 生理盐水中 NaCl 的含量

数据记录与计算 ＼ 测定序号	1	2	3
c（$AgNO_3$）/mol·L^{-1}			
V（$AgNO_3$）初读数/mL			
V（$AgNO_3$）终读数/mL			
V（$AgNO_3$）/mL			
ρ（NaCl）/g·L^{-1}			
平均值$\bar{\rho}$（NaCl）/g·L^{-1}			
相对平均偏差/%			

六、问题思索

1. 滴定过程中要求充分摇动锥形瓶的原因是什么？
2. 做空白测定的意义是什么？K_2CrO_4 溶液的用量及浓度大小对测定结果有何影响？
3. 如果要用莫尔法测定酸性氯化物溶液中的氯，事先应采取什么措施？
4. 本实验可不可以用荧光黄代替 K_2CrO_4 作指示剂？为什么？

七、注意事项

1. 配制 $AgNO_3$ 标准溶液所用的水应无 Cl^-，否则配成的 $AgNO_3$ 溶液出现白色浑浊不能使用。

2. $AgNO_3$ 见光析出金属银，$2AgNO_3 \mathchar"3D\mathchar"3D 2Ag\downarrow + 2NO_2\uparrow + O_2\uparrow$，故需保存在棕色试剂瓶中。$AgNO_3$ 若与有机物接触，则起还原作用，加热颜色变黑，故勿使 $AgNO_3$ 与皮肤接触。

3. 实验结束后，盛装 $AgNO_3$ 溶液的滴定管应先用蒸馏水冲洗 2~3 次，再用白来水冲洗，以免产生 $AgCl$ 沉淀，难以洗净。含银废液应予以回收，切记不能随意倒入水槽。

（本实训项目编写人：吴志恒）

实训十一 法扬司法测定氯化物

一、实训目标

知识目标：
1. 掌握法扬司法的原理、滴定条件和应用。
2. 熟悉判断吸附指示剂指示终点的方法。

能力目标：
1. 学习法扬司法测定氯的原理和方法。
2. 巩固精确移取溶液和滴定操作。

二、实训原理

用吸附指示剂指示滴定终点的银量法称为法扬司法，又称为吸附指示剂法。吸附指示剂是一些有机染料，它的阴离子在溶液中容易被带正电荷的胶状沉淀所吸附，吸附前后结构变化引起颜色变化，从而指示滴定终点。吸附指示剂法可用于测定 Cl^-、Br^-、I^-、SCN^-、SO_4^{2-} 和 Ag^+ 等。

以荧光黄为指示剂，用硝酸银滴定 Cl^-，可用下式表示：

滴定反应：$\qquad\qquad Ag^+ + Cl^- \mathchar"3D\mathchar"3D AgCl\downarrow$（白）

终点前：Cl^- 过量时，$AgCl$ 吸附 Cl^- 生成 $AgCl \cdot Cl^-$；

终点到：Ag^+ 过量时，$AgCl$ 吸附 Ag^+ 生成 $AgCl \cdot Ag^+$；

$$AgCl \cdot Ag^+ + FIn^- \mathchar"3D\mathchar"3D AgCl \cdot Ag^+ \cdot FIn^-$$
$$\text{（黄绿色）}\qquad\qquad\text{（粉红色）}$$

用下式计算氯化钾含量：

$$w(KCl) = \frac{c(AgNO_3) \times V(AgNO_3) \times M(KCl) \times 10^{-3}}{m_s} \times 100\%$$

三、仪器和试剂

仪器：电子天平，锥形瓶（250mL，3 个），棕色酸式滴定管（25mL），量筒（10mL、50mL），洗瓶。

试剂：硝酸银标准溶液（0.1mol·L^{-1}，已标定），糊精溶液（2%），荧光黄指示剂（0.1%乙醇溶液），KCl 样品。

四、实训步骤

| 精确称取0.2g KCl样品，置于250mL锥形瓶中 | ⟹ | 加50mL不含氯离子的蒸馏水 | ⟹ | 加5mL 2%糊精溶液和8滴荧光黄指示剂 |

| ⟹ | 用0.1mol·L^{-1} AgNO₃标准溶液滴定至黄绿色刚转变为粉红色即为终点 | ⟹ | 平行测定三次并做空白试验 |

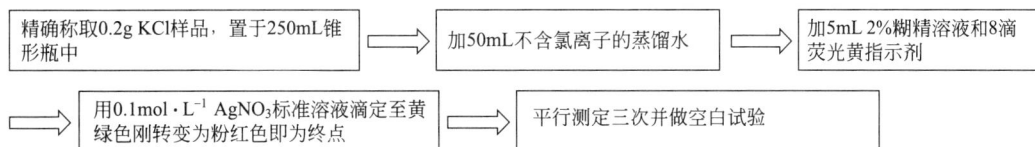

五、数据记录与处理

数据记录与计算 ＼ 测定序号	1	2	3
（KCl＋瓶）初质量/g			
（KCl＋瓶）末质量/g			
m(KCl)/g			
c(AgNO$_3$)/mol·L^{-1}			
V(AgNO₃)初读数/mL			
V(AgNO₃)终读数/mL			
V(AgNO₃)/mL			
V_0/mL			
w(KCl)/%			
平均值 $\overline{w}$(KCl)/%			
相对平均偏差/%			

六、问题思索

1. 吸附指示剂法测定氯化物和溴化物，常用的指示剂是什么？
2. 吸附指示剂法测定卤化物时，应该注意什么？

七、注意事项

1. 吸附指示剂法颜色变化是发生在沉淀表面，欲使终点变色明显，应尽量使沉淀的表面大一些，加糊精保护卤化银胶体微粒。

2. 胶体微粒对指示剂的吸附能力应略小于对被测离子的吸附能力。卤化银对卤离子和几种吸附指示剂的吸附能力顺序如下：I$^-$＞SCN$^-$＞Br$^-$＞曙红＞Cl$^-$＞荧光黄。

3. 如果测定天然水中氯离子含量，可将 0.1mol·L^{-1} 硝酸银标准溶液稀释 10 倍，取水样 50mL 进行滴定。

（本实训项目编写人：吴志恒）

一、实训目标

知识目标：

1. 掌握置换碘量法的原理。
2. 掌握 $Na_2S_2O_3$ 标准溶液的配制与标定方法。
3. 了解碘量瓶的使用方法。

能力目标：

1. 掌握置换滴定的实验原理。
2. 学会基准物质的称量方法。

二、实训原理

$Na_2S_2O_3 \cdot 5H_2O$ 结晶通常含有 S、Na_2SO_3、Na_2SO_4 等杂质，易风化或潮解，只能用间接法配制。配制好的 $Na_2S_2O_3$ 溶液不稳定，容易分解，这是因为在水中的微生物、CO_2 及空气中 O_2 等作用下发生下列反应：

$$2Na_2S_2O_3 + O_2 =\!=\!= 2Na_2SO_4 + 2S \downarrow$$
$$Na_2S_2O_3 + CO_2 + H_2O =\!=\!= NaHSO_3 + NaHCO_3 + S \downarrow$$
$$Na_2S_2O_3 \xrightarrow{\text{(微生物)}} Na_2SO_3 + S \downarrow$$

此外，水中微量的 Cu^{2+} 或 Fe^{3+} 等也能促进 $Na_2S_2O_3$ 分解。因此，配制 $Na_2S_2O_3$ 溶液时，需要用新煮沸（为了除去 CO_2 和杀死细菌）并冷却的蒸馏水，加入少量 Na_2CO_3，使溶液呈弱碱性，以抑制细菌生长。这样配制的溶液不宜长期保存，使用一段时间后要重新标定。如果发现溶液变浑或析出硫，应该过滤后再标定，或者另配溶液。

标定 $Na_2S_2O_3$ 溶液常用的基准物质有 $K_2Cr_2O_7$、KIO_3、$KBrO_3$ 等。本实验用 $K_2Cr_2O_7$，标定时采用置换滴定法，称取一定量 $K_2Cr_2O_7$，在酸性溶液中与过量 KI 作用，析出 I_2，以淀粉为指示剂，用 $Na_2S_2O_3$ 溶液滴定，相关反应式如下：

$$Cr_2O_7^{2-} + 6I^- + 14H^+ =\!=\!= 2Cr^{3+} + 3I_2 \downarrow + 7H_2O$$
$$I_2 + 2Na_2S_2O_3 =\!=\!= Na_2S_4O_6 + 2NaI$$

由以上反应式可以看出：$Cr_2O_7^{2-}$ 与 I_2 之间摩尔比为 1：3，I_2 与 $Na_2S_2O_3$ 之间摩尔比为 1：2，$Cr_2O_7^{2-}$ 与 $Na_2S_2O_3$ 之间摩尔比为 1：6，故可按下式计算 $Na_2S_2O_3$ 溶液的准确浓度：

$$c(Na_2S_2O_3) = \frac{6 \times \dfrac{m(K_2Cr_2O_7)}{M(K_2Cr_2O_7)}}{V(Na_2S_2O_3) \times 10^{-3}} (mol \cdot L^{-1})$$

三、仪器和试剂

仪器：电子天平，滴定管，烧杯（100mL），锥形瓶（250mL），容量瓶（100mL），碘量瓶（250mL），移液管（25.00mL），试剂瓶（500mL），量筒（100mL）。

试剂：$Na_2S_2O_3 \cdot 5H_2O$ 样品，盐酸（$6mol \cdot L^{-1}$），KI 溶液（10%），$K_2Cr_2O_7$（基准试剂，120℃干燥至恒重），Na_2CO_3 固体，淀粉指示剂（0.5%）。

四、实训步骤

1. $Na_2S_2O_3$ 溶液的配制

| 称量13g $Na_2S_2O_3 \cdot 5H_2O$(准确至0.01g)于100mL烧杯中,加100mL新煮沸并冷却的蒸馏水溶解 | ⟹ | 放入0.1g Na_2CO_3完全溶解。溶液倒入试剂瓶中,再用蒸馏水稀释至500mL,摇匀、塞紧塞子,两周后备用 |

2. $K_2Cr_2O_7$ 标准溶液的配制

| 准确称取$K_2Cr_2O_7$基准物质0.49g于100mL烧杯中,加入30mL蒸馏水溶解 | ⟹ | 转移至100mL容量瓶中,加蒸馏水稀释至刻度线,定容,摇匀备用 |

3. $Na_2S_2O_3$ 溶液的标定

| 分别精确移取25.00mL $K_2Cr_2O_7$标准溶液三份于3个250mL碘量瓶中 | ⟹ | 加入5mL 6mol·L^{-1}盐酸和20mL 10% KI溶液,密封后,置于暗处放置10min后,再加50mL水稀释 |

| ⟹ 用待测$Na_2S_2O_3$溶液滴定至溶液呈黄色,加入1mL 0.5%淀粉指示剂,溶液呈蓝色 | ⟹ | 继续滴定至深蓝色消失为终点,记录$Na_2S_2O_3$溶液体积,平行测定三次,计算$Na_2S_2O_3$溶液准确浓度 |

五、数据记录与处理

测定序号 数据记录与计算	1	2	3
$m(K_2Cr_2O_7)$/g			
$V(Na_2S_2O_3)$初读数/mL			
$V(Na_2S_2O_3)$终读数/mL			
$V(Na_2S_2O_3)$/mL			
$c(Na_2S_2O_3)$/mol·L^{-1}			
平均值$\bar{c}(Na_2S_2O_3)$/mol·L^{-1}			
相对平均偏差/%			

六、问题思索

1. $Na_2S_2O_3$ 溶液为什么要提前两周配制?为什么用新煮沸放冷的蒸馏水?为什么要加入 Na_2CO_3?

2. 标定 $Na_2S_2O_3$ 标准溶液时为什么要在一定的酸度范围内?酸度过高或过低有何影响?

3. 为什么滴定前要先放置 10min?滴定前为什么先加 50mL 水稀释后再滴定?

4. 为什么平行试验的碘化钾试剂不要在同一时间加入,要做一份加一份?

七、注意事项

1. $K_2Cr_2O_7$ 在酸性溶液中与过量 KI 作用析出 I_2,在酸度较低时此反应完成较慢,若酸度太强又有使 KI 被空气氧化成 I_2 的危险,因此必须注意酸度的控制,并避光放置 10min,此反应才能定量完成。

2. $Na_2S_2O_3$ 与 I_2 的反应只能在中性或弱酸性溶液中进行,因为在碱性溶液中会发生下面的副反应:$S_2O_3^{2-}+4I_2+10OH^- \Longrightarrow 2SO_4^{2-}+8I^-+5H_2O$,而在酸性溶液中 $Na_2S_2O_3$ 又易分解:$S_2O_3^{2-}+2H^+ \Longrightarrow S\downarrow+SO_2+H_2O$,所以进行滴定前溶液应加以稀释,一为降

低酸度，二为使终点时溶液中的 Cr^{3+} 不致颜色太深，影响终点观察。

3. 滴定初轻摇快滴，加淀粉指示剂后要大力振摇，慢滴。

4. $K_2Cr_2O_7$ 与 KI 反应进行较慢，在稀溶液中尤慢，故在加水稀释前，应放置 10min，使反应完全。

（本实训项目编写人：周俊慧）

实训十三　维生素 C 药片中维生素 C（抗坏血酸）含量的测定

一、实训目标

知识目标：

1. 掌握直接碘量法的基本原理、滴定条件和应用。

2. 掌握直接碘量法维生素 C 的含量测定方法及计算。

3. 熟悉碘标准溶液的配制和标定方法。

能力目标：

1. 学会水果或维生素 C 药片中维生素 C 含量测定方法。

2. 学会使用淀粉指示剂判断终点。

二、实训原理

维生素 C 又称为抗坏血酸，分子式为 $C_6H_8O_6$，摩尔质量为 $176.12g \cdot mol^{-1}$，属于水溶性维生素。它广泛存在于新鲜水果和蔬菜中，猕猴桃、辣椒、红枣、山楂、柑橘等食品中含量尤为丰富。维生素 C 具有许多对人体健康有益的作用，临床上用于维生素 C 缺乏病的预防与治疗，也用于贫血、过敏性皮肤病、高脂血症和感冒等的治疗。

维生素 C 是一种弱酸，可与碱反应：

$$C_6H_8O_6 + OH^- \Longrightarrow H_2O + C_6H_7O_6^-$$

当维生素 C 片中不含其他酸时，可用酸碱滴定法测定其含量。

维生素 C 也是一种还原剂，其分子中烯二醇基易被 I_2 氧化成二酮基，可间接地防止其他物质被氧化，所以维生素 C 可作抗氧化剂。本实验采用直接碘量法测定药片、注射液、水果中维生素 C 的含量。涉及的反应如下：

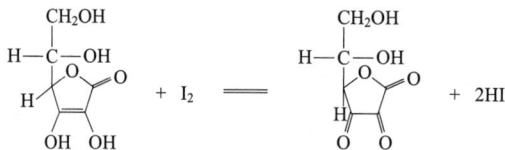

反应是等物质的量定量完成，可按下式计算维生素 C 含量：

$$\rho(\text{维生素 C}) = \frac{c(I_2) \times V(I_2) \times M(\text{维生素 C})}{m(\text{维生素 C}) \times \frac{25.00}{100.00} \times 10^{-3}} (\text{mg} \cdot \text{kg}^{-1})$$

三、仪器和试剂

仪器： 电子天平（0.1mg），棕色滴定管（25mL），碘量瓶（250mL），容量瓶（100mL），研钵，量筒（50mL），移液管（25mL），烧杯（50mL）。

试剂： 维生素 C 药片，乙酸溶液（$2mol \cdot L^{-1}$），I_2 标准溶液（$0.01mol \cdot L^{-1}$，已标

定），淀粉指示剂（0.5％）。

四、实训步骤

1. 维生素 C 溶液的配制

| 取10片维生素C药片，小心研磨成细粉，准确称量约0.8g粉末于50mL烧杯中 | ⟹ | 加乙酸溶液20mL，加入新煮沸并冷却的蒸馏水30mL使之溶解，转移至100mL容量瓶中，定容，摇匀备用 |

2. 维生素 C 含量的测定

| 精确移取25.00mL样品溶液三份，分别置于3个250mL碘量瓶中，加入1mL淀粉指示剂 | ⟹ | 用I_2标准溶液滴定至溶液呈蓝色，即为终点，记录I_2溶液的体积，平行测定三次，计算维生素C含量 |

五、数据记录与处理

数据记录与计算 ＼ 测定序号	1	2	3
$c(I_2)/\text{mol} \cdot \text{L}^{-1}$			
$V(I_2)$初读数/mL			
$V(I_2)$终读数/mL			
$V(I_2)/\text{mL}$			
ρ(维生素 C)/mg $\cdot$ kg^{-1}			
平均值 $\bar{\rho}$(维生素 C)/mg $\cdot$ kg^{-1}			
相对平均偏差/％			

六、问题思索

1. 维生素 C 药片溶解时为什么用新煮沸放冷的蒸馏水？

2. 为什么滴定时碘量瓶不能剧烈摇动？

3. 维生素 C 本身是一种酸，为什么测定时还要加酸？

4. 碘量法为什么既可以测定还原性物质，又可以测定氧化性物质？测定时如何控制溶液的酸碱性？

5. 有几种方法可以测定维生素 C？需要准备何种仪器和试剂？何种方法测定较简单？

七、注意事项

1. 碘标准溶液呈深棕色，在滴定管中较难分辨凹液面，但液面最高点较清楚，所以常读取液面最高点，读时应调节眼睛的位置，使之与液面最高点前后在同一水平位置上。

2. 由于实验中不可避免地会摇动容量瓶，因此空气中的氧气会将维生素 C 氧化，使结果偏低。

3. 使用碘量法时，应该用碘量瓶，防止维生素 C 被氧化，影响实验结果的准确性。

（本实训项目编写人：周俊慧）

一、实训目标

知识目标：

1. 掌握间接碘量法基本原理、滴定条件和应用。
2. 掌握碘盐中碘含量测定的方法及计算。
3. 熟悉 $Na_2S_2O_3$ 标准溶液的配制和标定方法。

能力目标：

1. 学会使用淀粉指示剂，会判断终点颜色的变化。
2. 学会正确使用移液管、容量瓶、滴定管。

二、实训原理

碘是人体必需的微量元素。缺碘会引起甲状腺肿大、智力缺陷等碘缺乏病。为此，政府规定食用盐应加碘。加碘盐中碘以碘酸盐（IO_3^-）形式存在。食盐溶于水后，在酸性条件下，加入过量碘化钾（KI）与碘酸盐（IO_3^-）反应析出碘（I_2），用硫代硫酸钠（$Na_2S_2O_3$）标准溶液滴定 I_2，近终点时，加入淀粉指示剂，溶液显深蓝色，继续滴定至深蓝色刚好消失即为终点。反应如下：

$$IO_3^- + 5I^- + 6H^+ \rule[0.5ex]{1.5em}{0.4pt} 3I_2 + 3H_2O$$
$$I_2 + 2Na_2S_2O_3 \rule[0.5ex]{1.5em}{0.4pt} Na_2S_4O_6 + 2NaI$$

由以上反应式可以看出：IO_3^- 与 I_2 之间摩尔比为 $1:3$，I_2 与 $Na_2S_2O_3$ 之间摩尔比为 $1:2$，IO_3^- 与 $Na_2S_2O_3$ 之间摩尔比为 $1:6$。故可按下式计算碘含量：

$$\rho(I) = \frac{1}{6} \times \frac{c(Na_2S_2O_3) \times V(Na_2S_2O_3) \times M(I)}{m(碘盐) \times \dfrac{25.00}{100.00} \times 10^{-3}} (mg \cdot kg^{-1})$$

三、仪器和试剂

仪器：托盘天平（0.01g），滴定管（25mL），容量瓶（100mL，棕色），碘量瓶（250mL），量筒（10mL），移液管（25mL），烧杯（200mL）。

试剂：加碘盐样品，H_2SO_4 溶液（$2mol \cdot L^{-1}$），KI 溶液（10%），$Na_2S_2O_3$ 标准溶液（$0.002mol \cdot L^{-1}$，已标定），淀粉指示剂（0.5%）。

四、实训步骤

1. 碘盐溶液的配制

称量15g加碘盐样品(准确至0.01g)，置于烧杯中，加50mL蒸馏水溶解	⟹	转移至100mL容量瓶中，加蒸馏水稀释至刻度线，定容，摇匀备用

2. 碘盐中碘含量的测定

精确移取三份25.00mL样品稀释溶液，分别置于3个250mL碘量瓶中	⟹	加入1mL 2mol·L⁻¹ H₂SO₄溶液和5mL 10% KI溶液，密封后，在暗处放置10min

⟹	用0.002mol·L⁻¹ Na₂S₂O₃标准溶液滴定至溶液呈浅黄色，加入1mL 0.5%淀粉指示剂，溶液显蓝色	⟹	继续滴定至深蓝色消失为终点，记录Na₂S₂O₃溶液的体积，平行测定三次，计算碘盐中的碘含量

五、数据记录与处理

数据记录与计算 \ 测定序号	1	2	3
$c(Na_2S_2O_3)/mol \cdot L^{-1}$			
$V(Na_2S_2O_3)$初读数$/mL$			
$V(Na_2S_2O_3)$终读数$/mL$			
$V(Na_2S_2O_3)/mL$			
$\rho(I)/mg \cdot kg^{-1}$			
平均值 $\overline{\rho}(I)/mg \cdot kg^{-1}$			
相对平均偏差$/\%$			

六、问题思索

1. 加入碘化钾的作用是什么？为什么加入碘化钾要过量？如果量不足，对实验结果有何影响？

2. 间接碘量法滴定时，淀粉指示剂为什么不能在滴定开始时加入？

3. 淀粉溶液容易变质，如果放置一段时间后再作指示剂，对滴定结果有什么影响？

4. 碘化钾固体是白色晶体，但是溶液的颜色往往显黄色，原因是什么？

5. 碘量法可否用来测定含碘药品的含碘量？

七、注意事项

1. 滴定之前，反应的混合物应避光，因为当此溶液受到光照时，会发生碘离子被氧化成碘分子的反应。

2. 如果淀粉指示剂加入太早，形成较牢固的碘淀粉络合物，使反应减慢，从而得出结果升高的假象。

3. 由于碘分子容易挥发，当淀粉指示剂暴露在较高温度的室内，它的灵敏度就会降低，所以此反应应该在低于30℃的小实训室内进行。

（本实训项目编写人：周俊慧）

实训十五　注射液中葡萄糖含量的测定

一、实训目标

知识目标：

1. 掌握间接碘量法基本原理、滴定条件和应用。

2. 掌握返滴定法测定葡萄糖含量的方法及计算。

3. 了解 $Na_2S_2O_3$ 标准溶液、I_2 标准溶液的配制和标定方法。

能力目标：

1. 学会使用淀粉指示剂，会判断终点颜色的变化。

2. 正确使用移液管、容量瓶、滴定管。

二、实训原理

碘（I_2）与 NaOH 作用，生成次碘酸钠（NaIO），NaIO 可定量地将葡萄糖（$C_6H_{12}O_6$）氧化成葡萄糖酸（$C_6H_{12}O_7$）。在酸性条件下，未与 $C_6H_{12}O_6$ 作用的 NaIO 可转变成 I_2 析出，因此只需用硫代硫酸钠（$Na_2S_2O_3$）标准溶液滴定析出的 I_2，便可计算出 $C_6H_{12}O_6$ 的含量。所涉及的反应如下。

I_2 与 NaOH 作用：

$$I_2 + 2NaOH \Longrightarrow NaIO + NaI + H_2O$$

$C_6H_{12}O_6$ 与 NaIO 定量作用：

$$C_6H_{12}O_6 + NaIO \Longrightarrow C_6H_{12}O_7 + NaI$$

总反应式：

$$I_2 + C_6H_{12}O_6 + 2NaOH \Longrightarrow C_6H_{12}O_7 + 2NaI + H_2O$$

$C_6H_{12}O_6$ 被反应完后，剩余的 NaIO，在碱性条件下发生歧化反应：

$$3NaIO \Longrightarrow NaIO_3 + 2NaI$$

在酸性条件下：

$$NaIO_3 + 5NaI + 6HCl \Longrightarrow 3I_2 + 6NaCl + 3H_2O$$

析出过量的 I_2 可用标准 $Na_2S_2O_3$ 溶液滴定：

$$I_2 + 2Na_2S_2O_3 \Longrightarrow Na_2S_4O_6 + 2NaI$$

由以上反应式可以看出：$C_6H_{12}O_6$ 与 I_2 之间摩尔比为 1:1，I_2 与 $Na_2S_2O_3$ 之间摩尔比为 1:2，$C_6H_{12}O_6$ 所消耗 I_2 为 I_2 总量与 $Na_2S_2O_3$ 消耗 I_2 量之差值。可按下式计算 $C_6H_{12}O_6$ 含量：

$$\rho(C_6H_{12}O_6) = \frac{\left[c(I_2) \times V(I_2) - \frac{1}{2}c(Na_2S_2O_3) \times V(Na_2S_2O_3)\right] \times M(C_6H_{12}O_6)}{V(C_6H_{12}O_6) \times \frac{25.00}{100.00}} (g \cdot L^{-1})$$

三、仪器和试剂

仪器：电子天平，滴定管（25mL），容量瓶（100mL），碘量瓶（250mL），量筒（10mL），移液管（25mL），吸量管（1mL）。

试剂：HCl 溶液（$6mol \cdot L^{-1}$），NaOH 溶液（$0.2mol \cdot L^{-1}$），淀粉指示剂（0.5%），葡萄糖注射液（5%），$Na_2S_2O_3$ 标准溶液（$0.02mol \cdot L^{-1}$），I_2 标准溶液（$0.01mol \cdot L^{-1}$）。

四、实训步骤

1. 注射液样品稀释

| 吸量管移取1.00mL注射液样品于100mL容量瓶中 | ⟹ | 加蒸馏水稀释至刻度线,摇匀备用 |

2. 注射液样品中葡萄糖含量的测定

| 精确移取25.00mL样品稀释溶液三份,分别置于3个250mL碘量瓶中 | ⟹ | 准确移入25.00mL I_2标准溶液,摇匀,慢慢滴加 $0.2mol \cdot L^{-1}$ NaOH溶液至溶液呈淡黄色 |

| 将碘量瓶加塞摇匀,暗处放置10~15min,加入1mL $6mol \cdot L^{-1}$ HCl溶液酸化,溶液呈红棕色 | ⟹ | 立即用$0.02mol \cdot L^{-1}$ $Na_2S_2O_3$标准溶液滴定至浅黄色 |

| 加入2mL淀粉指示剂,溶液变蓝色,继续滴定至蓝色刚好消失,即为终点 | ⟹ | 记录$Na_2S_2O_3$溶液的体积,平行测定三次,计算未经稀释样品中葡萄糖的含量 |

五、数据记录与处理

测定序号 数据记录与计算	1	2	3
$c(\mathrm{I_2})$ /mol·L^{-1}			
$c(\mathrm{Na_2S_2O_3})$/mol·L^{-1}			
$V(\mathrm{I_2})$/mL			
$V(\mathrm{Na_2S_2O_3})$初读数/mL			
$V(\mathrm{Na_2S_2O_3})$终读数/mL			
$V(\mathrm{Na_2S_2O_3})$/mL			
$\overline{\rho}(\mathrm{C_6H_{12}O_6})$/g·L^{-1}			
平均值 $\overline{\rho}(\mathrm{H_2O_2})$/g·L^{-1}			
相对平均偏差/%			

六、问题思索

1. 间接碘量法主要误差有哪些？如何避免？
2. 间接碘量法还可以用来测定哪些物质含量？测定时如何控制溶液的酸碱性？
3. 碘量法滴定时，如果淀粉指示剂加入过早，对滴定结果有无影响？
4. 如果增大本实验的试剂浓度 5 倍，是否对实验结果有影响？

七、注意事项

1. 碘易受有机物的影响，不可使用软木塞、橡皮塞，应贮存于棕色试剂瓶内避光保存。配制和装液时应戴上手套。做完实验后，剩余的 $\mathrm{I_2}$ 溶液应倒入回收瓶中。

2. 加 NaOH 的速度不能过快，否则过量 NaIO 来不及氧化 $\mathrm{C_6H_{12}O_6}$ 就歧化成不与 $\mathrm{C_6H_{12}O_6}$ 反应的 $\mathrm{NaIO_3}$ 和 NaI，使测定结果偏低。

3. 实验过程中若无碘量瓶时，可用锥形瓶盖上表面皿代替。

（本实训项目编写人：周俊慧）

实训十六 高锰酸钾滴定法测定 H$_2$O$_2$ 含量

一、实训目标

知识目标：

1. 掌握高锰酸钾滴定法测定 $\mathrm{H_2O_2}$ 的原理和方法。
2. 掌握吸量管和棕色酸式滴定管的使用方法。

能力目标：

1. 使用自身指示剂，会判断终点颜色的变化。
2. 能够准确进行滴定操作。

扫
一
扫

3-4 高锰酸钾
滴定法测定
过氧化氢含量

二、实训原理

过氧化氢水溶液俗称双氧水，在工业、医药、食品等领域应用广泛，利用其氧化性可用

于织物、纸浆、草藤竹制品的漂白、医用消毒杀菌等。过氧化氢具有还原性，在酸性溶液中易被 $KMnO_4$ 氧化生成水和氧气，其反应如下：

$$5H_2O_2 + 2MnO_4^- + 6H^+ \stackrel{}{=\!=\!=} 2Mn^{2+} + 8H_2O + 5O_2\uparrow$$

该反应开始速度较慢，在滴定过程中生成的 Mn^{2+} 有催化作用，反应速率逐渐加快。

$KMnO_4$ 显紫红色，反应到达化学计量点后，稍过量的 $KMnO_4$ 呈浅粉色而指示终点，不需另加指示剂。

按下式计算 H_2O_2 含量：

$$\rho(H_2O_2) = \frac{5}{2} \times \frac{c(KMnO_4) \times V(KMnO_4) \times M(H_2O_2)}{4.00 \times \dfrac{25.00}{100.00}} (g \cdot L^{-1})$$

三、仪器和试剂

仪器：棕色酸式滴定管（25.00mL），锥形瓶（250mL），容量瓶（100mL），吸量管（5.00mL），移液管（25.00mL），量筒（10mL）。

试剂：消毒液样品（含 H_2O_2 约3%），$KMnO_4$ 标准溶液（0.02mol·L^{-1}），H_2SO_4 溶液（3mol·L^{-1}）。

四、实训步骤

1. 消毒液样品稀释

| 吸量管移取4.00mL消毒液样品于100mL容量瓶中 | ⟹ | 加蒸馏水稀释至刻度线，摇匀备用 |

2. 消毒液样品中 H_2O_2 含量

| 精确移取25.00mL上述溶液于250mL锥形瓶中 | ⟹ | 加5mL H_2SO_4 溶液（3mol·L^{-1}），用 $KMnO_4$ 标准溶液滴定 |

| ⟹ | 溶液颜色30s不褪即为终点，记录 $KMnO_4$ 标准溶液的体积 | ⟹ | 平行测定三次，并做空白试验计算未经稀释样品中 H_2O_2 含量 |

五、数据记录与处理

数据记录与计算　　测定序号	1	2	3
$c(KMnO_4)$/mol·L^{-1}			
$V(KMnO_4)$初读数/mL			
$V(KMnO_4)$终读数/mL			
$V(KMnO_4)$/mL			
$\rho(H_2O_2)$/g·L^{-1}			
平均值 $\overline{\rho}(H_2O_2)$/g·L^{-1}			
相对平均偏差/%			

六、问题思索

1. 实验中控制酸性条件时，可否把 H_2SO_4 换成 HCl 或 HNO_3？

2. $KMnO_4$ 溶液为何要装在棕色酸式滴定管中？如何读数？

3. $KMnO_4$ 法还可以用来测定哪些物质含量？

4. H_2O_2 与 $KMnO_4$ 反应较慢，能否通过加热溶液来加快反应速率？为什么？装满 $KMnO_4$ 的烧杯或滴定管，久置后，其壁上常有棕色的沉淀，该沉淀是什么？怎样洗涤？

七、注意事项

1. $KMnO_4$ 与 H_2O_2 在滴定开始时反应较慢，随着 Mn^{2+} 生成而加速，可先加入少量 Mn^{2+} 作为催化剂。

2. H_2O_2 具有强氧化性，对环境无污染，使用时避免接触皮肤。H_2O_2 受热易分解，滴定时不需加热。

3. 若 H_2O_2 中含有机物质，会消耗 $KMnO_4$，使测定结果偏高。这时，应改用碘量法或铈量法测定 H_2O_2。

（本实训项目编写人：周俊慧）

实训十七 亚硝酸钠标准溶液的配制和标定

一、实训目标

知识目标：
1. 掌握重氮化滴定的原理和滴定条件。
2. 熟悉永停滴定法的装置和实验操作。

能力目标：
1. 能够准确判断滴定终点。
2. 能够准确进行滴定操作。

二、实训原理

永停滴定法属于电流滴定法。它是用两个相同的铂电极插入待滴定溶液中，在两个电极外加一电压（$10 \sim 200 mV$），观察滴定过程中通过两极间的电流变化，根据电流变化的情况确定滴定终点。永停滴定法装置简单，确定终点方便，准确度高。对氨基苯磺酸是具有芳伯氨基的化合物，在酸性条件下，可与 $NaNO_2$ 发生重氮化反应而定量地生成重氮盐。其反应如下：

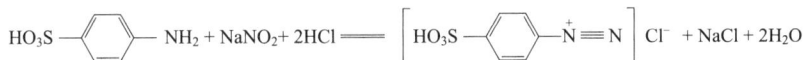

$$HO_3S{-}\!\!\!\bigcirc\!\!\!{-}NH_2 + NaNO_2 + 2HCl \Longrightarrow \left[HO_3S{-}\!\!\!\bigcirc\!\!\!{-}\overset{+}{N}\!\!=\!\!N\right]Cl^- + NaCl + 2H_2O$$

化学计量点前，两个电极上无反应，故无电解电流产生。化学计量点后，溶液中少量的亚硝酸钠及其分解产物一氧化氮在两个铂电极上产生反应。因此，滴定终点时，电池由原来的无电流通过变为有电流通过，检流计指针发生偏转，并不再回到零，从而判断为滴定终点。根据消耗 $NaNO_2$ 的体积和基准物的称样量，便可计算出 $NaNO_2$ 标准溶液的浓度。

按下式计算 $NaNO_2$ 物质的量浓度：

$$c(NaNO_2) = \frac{m(\text{对氨基苯磺酸})}{M(\text{对氨基苯磺酸}) \times V(NaNO_2) \times 10^{-3}}$$

三、仪器和试剂

仪器：永停滴定仪，铁心搅拌棒，铂电极，酸式滴定管（25mL），烧杯（1000mL、

100mL)，细玻璃棒，分析天平。

试剂：对氨基苯磺酸（基准试剂，120℃干燥至恒重），浓氨液，$NaNO_2$（AR），盐酸（pH 值为 1～2），淀粉碘化钾试纸，$FeCl_3$（AR），20％盐酸，无水碳酸钠。

四、实训步骤

1. $0.1mol \cdot L^{-1} NaNO_2$ 溶液的配制

称取亚硝酸钠7.2g，加无水碳酸钠0.1g于1000mL烧杯中	⇒	加少量水使其溶解并稀释至1000mL左右，摇匀备用

2. $0.1mol \cdot L^{-1} NaNO_2$ 溶液浓度的标定

准确称取120℃干燥至恒重的基准试剂对氨基苯磺酸0.4g于100mL烧杯中	⇒	加蒸馏水30mL、浓氨液3mL溶解，加20％盐酸20mL，搅拌。30℃以下用$NaNO_2$溶液迅速滴定

⇒	永停滴定法指示终点，至检流计指针发生较大偏转，持续1min不回复即为终点	⇒	记录$NaNO_2$溶液的体积，平行测定三次

五、数据记录与处理

数据记录与计算 \ 测定序号	1	2	3
（对氨基苯磺酸＋瓶）初重/g			
（对氨基苯磺酸＋瓶）末重/g			
m（对氨基苯磺酸）/g			
$V(NaNO_2)$初读数/mL			
$V(NaNO_2)$终读数/mL			
$V(NaNO_2)$/mL			
$c(NaNO_2)$/mol·L^{-1}			
平均值$\bar{c}(NaNO_2)$/mol·L^{-1}			
相对平均偏差/％			

六、问题思索

1. 实验中电极不进行活化处理或活化不彻底对测试结果会有什么影响？
2. 对氨基苯磺酸摩尔质量很大，是否可以不用分析天平而改用精度较小的天平？
3. 在对氨基苯磺酸中加入浓氨液的作用是什么？加入量控制依据是什么？
4. 在滴定反应中，如何操作才能尽量防止亚硝酸钠分解？搅拌速度影响结果吗？

七、注意事项

1. 实验前，应检查永停滴定仪的检流计灵敏度是否合适，在重氮化滴定中要求 9～10A/格。若灵敏度不够必须更换；若灵敏度太高，必须衰减后再使用。实验前必须检查永停滴定仪的外加电压，可用电位计或酸度计测量。一般外加电压在 30～100mV，本次试验采用 90mV。一旦调好，则试验过程中不可再变动，以免外加电压发生变动。

2. 电极活化。电极经多次测量后钝化（电极反应不灵敏），需对铂电极进行活化处理。方法是在浓硝酸中加入少量 $FeCl_3$，浸泡 30min 以上。浸泡时，需将铂电极插入溶液中，但勿接触器皿底部，以免弯折受损。

3. 对氨基苯磺酸难溶于水，加入浓氨液可使其溶解。操作时一定要待样品完全溶解后方可用盐酸酸化。

4. 重氮化反应，宜在 0～15℃下进行。在常温下进行实验操作，要防止亚硝酸钠分解。在滴定时，将滴定管尖端插入液面下约 2/3 处，边滴边搅拌，滴定速度要快些。同时注意检流计光标的晃动。若光标晃动幅度较大，经搅动又回原位，表明终点即将到达，此时，可将滴定管尖端提出液面，用少量蒸馏水洗涤尖端，继续一滴一滴缓缓滴定，直至检流计光标偏转较大且不回复，即达到终点。

5. 终点的确定，可配合淀粉 KI 试纸，在近终点时，用细玻璃棒蘸取少量溶液，接触淀粉 KI 试纸，若立即变蓝，则到终点。若不立即变蓝，则未到终点（试纸后来变蓝，是空气氧化的结果）。

（本实训项目编写人：赵新梅）

实训十八　EDTA 标准溶液的配制和标定

一、实训目标

知识目标：

1. 掌握配位滴定法的基本原理。

2. 熟悉 EDTA 标准溶液的配制与标定。

3. 掌握称量方法、滴定管的使用和滴定操作。

能力目标：

1. 学会分析天平、滴定管的使用。

2. 能够准确进行滴定操作。

二、实训原理

纯度高的 EDTA 二钠盐（$Na_2H_2Y \cdot 2H_2O$）可采用直接法配制，但因其略有吸湿性，所以配制之前应先在 80℃以下干燥至恒重。若纯度不够，则用间接法配制，再用氧化锌或纯锌为基准物标定。为了减少误差，标定与测定条件应尽可能相同。若以铬黑 T 为指示剂，有关反应如下：

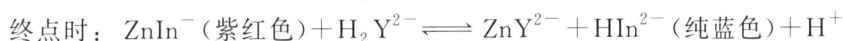

滴定前：　　　　　$Zn^{2+} + HIn^{2-} \rightleftharpoons ZnIn^-$（紫红色）$+ H^+$

滴定时：　　　　　$Zn^{2+} + H_2Y^{2-} \rightleftharpoons ZnY^{2-} + 2H^+$

终点时：$ZnIn^-$（紫红色）$+ H_2Y^{2-} \rightleftharpoons ZnY^{2-} + HIn^{2-}$（纯蓝色）$+ H^+$

当反应溶液由紫红色变为纯蓝色时，即为终点。

按下式计算 EDTA 的物质的量浓度：$c(EDTA) = \dfrac{m(ZnO) \times 1000}{M(ZnO) \times V(EDTA)}$

三、仪器和试剂

仪器：托盘天平，分析天平，酸碱两用滴定管（25mL），烧杯（1000mL），锥形瓶（250mL），量筒（25mL）。

试剂：EDTA 二钠盐（AR），ZnO（基准物，800℃灼烧至恒重），铬黑 T 指示剂（1g 铬黑 T 固体加 100g NaCl 固体混合），稀盐酸，0.025% 甲基红的乙醇溶液，氨试液，氨-氯化铵缓冲溶液（pH 值为 10）。

四、实训步骤

1. 0.05mol·L⁻¹ EDTA 溶液的配制

| 称取EDTA二钠盐19g于1000mL烧杯中，加适量温蒸馏水溶解 | ⟹ | 加蒸馏水稀释至1000mL，摇匀备用 |

2. 0.05mol·L⁻¹ EDTA 溶液浓度的标定

| 精确称取800℃灼烧至恒重的基准物氧化锌0.12g于250mL锥形瓶中，加稀盐酸25mL使之溶解 | ⟹ | 加0.025%甲基红的乙醇溶液1滴，滴加氨试液至溶液显微黄色 |

| 加蒸馏水25mL及氨-氯化铵缓冲溶液(pH值为10)10mL，加少量铬黑T指示剂 | ⟹ | 用EDTA滴定至溶液由紫红色变为纯蓝色，记录EDTA消耗量V(mL) |

五、数据记录与处理

数据记录与计算 ＼ 测定序号	1	2	3
$m(\text{ZnO})/\text{g}$			
$V(\text{EDTA})$初读数/mL			
$V(\text{EDTA})$终读数/mL			
$V(\text{EDTA})/\text{mL}$			
$c(\text{EDTA})/\text{mol·L}^{-1}$			
平均值 $\bar{c}(\text{EDTA})/\text{mol·L}^{-1}$			
相对平均偏差/%			

六、问题思索

1. 滴定过程中要求充分摇动锥形瓶的原因是什么？

2. 滴定过程为什么要在缓冲溶液中进行？如果没有缓冲溶液存在，将会导致什么现象？

3. 中和溶解基准物质剩余盐酸时，能否用酚酞取代甲基红？为什么？

七、注意事项

1. 实验中，由于指示剂为固体，在水溶液中有溶解过程，所以加入时应注意用量，加入一定量指示剂充分摇匀溶解后，观察颜色深浅判断是否足量。三个平行实验颜色尽量一致。

2. 实验中使用氨试液和氨-氯化铵缓冲溶液，挥发性较强，应保持实验室通风，尽量减少氨吸入量。

（本实训项目编写人：赵新梅）

实训十九　水的总硬度和钙镁含量的测定

一、实训目标

知识目标：

1. 掌握配位滴定法测定 Ca^{2+}、Mg^{2+} 的原理和水的总硬度的表示方法。

2. 熟悉金属指示剂的变色原理及其应用。

3. 掌握移液管、滴定管的使用和滴定操作。

能力目标：

1. 学会配位滴定法测定 Ca^{2+}、Mg^{2+} 含量的原理和方法。
2. 能够准确进行滴定操作。

扫一扫

3-5 水的总硬度和钙镁含量的测定

二、实训原理

水的总硬度主要由于水中含有钙盐和镁盐所致。测定水的总硬度就是测定水中 Ca^{2+}、Mg^{2+} 含量。水的总硬度有两种表示方法：以每升水中所含 $CaCO_3$ 毫克数来表示；以每升水中含 10mg CaO 为 1 度来表示。

测定时，取一定量水样，调节 pH＝10，以铬黑 T 为指示剂，用 EDTA 标准溶液直接滴定水中 Ca^{2+} 和 Mg^{2+}。其反应式如下：

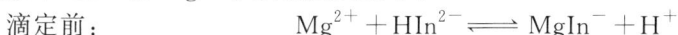

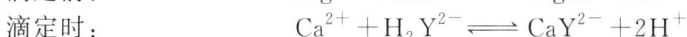

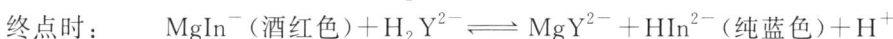

滴定前： $$Mg^{2+}+HIn^{2-} \rightleftharpoons MgIn^-+H^+$$
滴定时： $$Ca^{2+}+H_2Y^{2-} \rightleftharpoons CaY^{2-}+2H^+$$
$$Mg^{2+}+H_2Y^{2-} \rightleftharpoons MgY^{2-}+2H^+$$
终点时： $$MgIn^-（酒红色）+H_2Y^{2-} \rightleftharpoons MgY^{2-}+HIn^{2-}（纯蓝色）+H^+$$

我国较多使用 $CaCO_3$ 表示硬度，我国《生活饮用水卫生标准》（GB 5749—2022）规定生活饮用水的总硬度（以 $CaCO_3$ 计）不得超过 $450mg \cdot L^{-1}$。

Ca^{2+} 含量测定，先用 NaOH 调节 pH＝12，使 Mg^{2+} 以 $Mg(OH)_2$ 沉淀析出，再以钙指示剂指示终点，用 EDTA 标准溶液滴定 Ca^{2+}。

Mg^{2+} 含量是由等体积水样 Ca^{2+}、Mg^{2+} 总量减去 Ca^{2+} 含量求得。

按下式计算水的总硬度（以 $CaCO_3$ 表示，$mg \cdot L^{-1}$）：

$$\rho(CaCO_3)=\frac{c(EDTA) \times (\overline{V}_1-V_0) \times M(CaCO_3)}{V_{水样}} \times 1000 (mg \cdot L^{-1})$$

式中，$\overline{V}_1$ 为 3 次滴定 Ca^{2+}、Mg^{2+} 总量所消耗 EDTA 的平均体积（单位为 mL）；V_0 为空白试验所消耗 EDTA 的体积。

按下式计算 Ca^{2+}、Mg^{2+} 含量（$mg \cdot L^{-1}$）：

$$\rho(Ca)=\frac{c(EDTA) \times \overline{V}_2 \times M(Ca)}{V_{水样}} \times 1000 (mg \cdot L^{-1})$$

$$\rho(Mg)=\frac{c(EDTA) \times (\overline{V}_1-\overline{V}_2) \times M(Mg)}{V_{水样}} \times 1000 (mg \cdot L^{-1})$$

式中，$\overline{V}_2$ 为 3 次滴定 Ca^{2+} 含量所消耗 EDTA 的平均体积（单位为 mL）；$(\overline{V}_1-\overline{V}_2)$ 为 Mg^{2+} 所消耗 EDTA 的体积（单位为 mL）。

三、仪器和试剂

仪器：酸式滴定管（25mL），烧杯（100mL），锥形瓶（250mL），移液管（50mL），量筒（10mL）。

试剂：EDTA 标准溶液（$0.005mol \cdot L^{-1}$，已标定）；NaOH 溶液（$6mol \cdot L^{-1}$）；$NH_3 \cdot H_2O$-NH_4Cl 缓冲溶液（pH 值＝10）；铬黑 T 指示剂：铬黑 T 与固体 NaCl 按 1：100 比例混合，研磨均匀，贮于棕色广口瓶中；钙指示剂：钙指示剂与固体 NaCl 按 2：100 比例混合，研磨均匀，贮于棕色广口瓶中。

四、实训步骤

1. 水的总硬度测定（Ca^{2+}、Mg^{2+} 总量的测定）

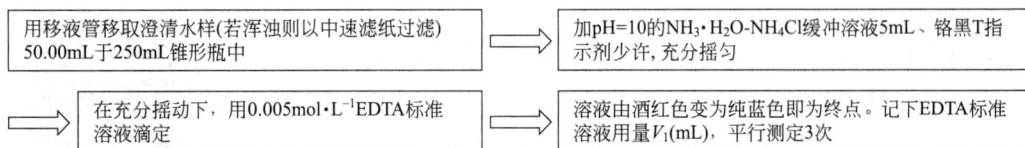

| 用移液管移取澄清水样(若浑浊则以中速滤纸过滤)50.00mL于250mL锥形瓶中 | → | 加pH=10的$NH_3 \cdot H_2O$-NH_4Cl缓冲溶液5mL、铬黑T指示剂少许，充分摇匀 |

→ | 在充分摇动下，用0.005mol·L^{-1}EDTA标准溶液滴定 | → | 溶液由酒红色变为纯蓝色即为终点。记下EDTA标准溶液用量V_1(mL)，平行测定3次 |

2. 空白试验

| 精确移取50.00mL蒸馏水于250mL锥形瓶中 | → | 加pH=10的$NH_3 \cdot H_2O$-NH_4Cl缓冲溶液5mL，铬黑T指示剂少许，溶液变为酒红色 |

→ | 在充分摇动下，用0.005mol·L^{-1}EDTA标准溶液滴定 | → | 溶液由酒红色变为纯蓝色即为终点，记下EDTA标准溶液用量V_0(mL) |

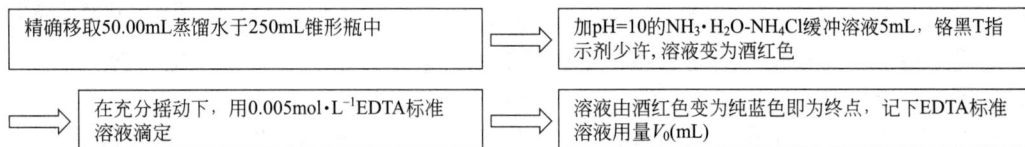

注意：当加入铬黑T指示剂后，若溶液变为酒红色，则说明蒸馏水含有Ca^{2+}、Mg^{2+}；若溶液变为纯蓝色，说明蒸馏水空白溶液中无Ca^{2+}、Mg^{2+}，此时无须继续进行滴定操作。

3. Ca^{2+}含量的测定

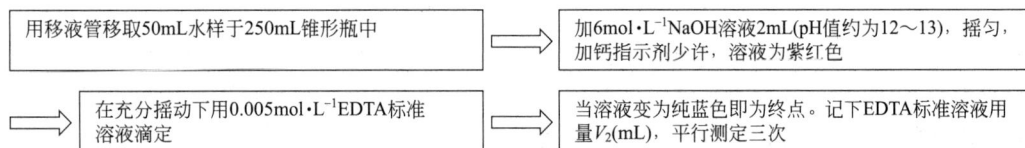

| 用移液管移取50mL水样于250mL锥形瓶中 | → | 加6mol·L^{-1}NaOH溶液2mL(pH值约为12～13)，摇匀，加钙指示剂少许，溶液为紫红色 |

→ | 在充分摇动下用0.005mol·L^{-1}EDTA标准溶液滴定 | → | 当溶液变为纯蓝色即为终点。记下EDTA标准溶液用量V_2(mL)，平行测定三次 |

五、数据记录与处理

测定序号 \ 数据记录与计算	1	2	3
c(EDTA)/mol·L^{-1}			
V_1 初读数/mL			
V_1 终读数/mL			
V_1/mL			
$\overline{V_1}$/mL			
V_2 初读数/mL			
V_2 终读数/mL			
V_2/mL			
$\overline{V_2}$/mL			
ρ($CaCO_3$)/mg·L^{-1}			
ρ(Ca^{2+})/mg·L^{-1}			
ρ(Mg^{2+})/mg·L^{-1}			

六、问题思索

1. 本实验中加入$NH_3 \cdot H_2O$-NH_4Cl缓冲溶液和NaOH溶液，各起什么作用？
2. 测定水样中若有少量Fe^{3+}、Cu^{2+}时，对终点有什么影响？如何消除影响？
3. EDTA为什么需要放入塑料试剂瓶中保存？

七、注意事项

1. 实验中应注意移液管、滴定管和锥形瓶的清洗原则。由于实验中直接检测水样，所以洗涤移液管时用自来水清洗即可，滴定管和锥形瓶按常规清洗方式进行。

2. 实验中，由于指示剂为固体，在水溶液中有溶解过程，所以加入时应注意用量，依据少量多次加入原则，每加入一次充分摇匀溶解后观察颜色深浅判断是否足量。平行实验溶液颜色尽量一致。

3. 数据处理应根据有效数字的计算保留相应位数。

（本实训项目编写人：赵新梅）

实训二十 明矾含量的测定

一、实训目标

知识目标：

1. 掌握明矾含量测定的原理和方法。
2. 掌握电子天平和酸式滴定管的使用方法。

能力目标：

1. 使用二甲酚橙指示剂，会判断终点颜色的变化。
2. 能够准确进行滴定操作。

二、实训原理

明矾，化学式为 $KAl(SO_4)_2 \cdot 12H_2O$，或称白矾，为无色透明晶体，其水溶液呈弱酸性，常用作净水剂、食品添加剂等。由于 Al^{3+} 对二甲酚橙具有封闭作用，并且与 EDTA 络合缓慢，在体系酸度不高时易水解生成一系列的多核氢氧络合物，如 $[Al_2(H_2O)_6(OH)_3]^{3+}$ 等，故通常明矾含量的测定不宜采用直接滴定法。为避免上述问题，通常采用返滴定法进行操作。实验中加入定量且过量的 EDTA 标准溶液，调节溶液 pH 值为 3~4，煮沸几分钟，使 Al^{3+} 与 EDTA 完全络合。冷却后，再调节溶液 pH 值至 5~6（此时 AlY 处于稳定状态，不会发生水解析出多核络合物），以二甲酚橙为指示剂，用 Zn^{2+} 标准溶液滴定至溶液由黄色变为橙色，即为反应终点。相关反应如下：

$$Al^{3+} + H_2Y^{2-}（过量）\rightleftharpoons AlY^- + 2H^+$$

$$Zn^{2+} + H_2Y^{2-}（剩余）\rightleftharpoons ZnY^{2-} + 2H^+$$

$$Zn^{2+} + XO（黄色）\rightleftharpoons Zn\text{-}XO^{2+}（紫红色）$$

可按下式计算明矾的含量：

$$n_{Al} = n_{EDTA} - n_{Zn}$$

$$w（明矾）= \frac{[c(EDTA) \times V(EDTA) - c(ZnSO_4) \times V(ZnSO_4)] \times \dfrac{M[KAl(SO_4)_2 \cdot 12H_2O]}{1000}}{m（明矾）\times 0.2} \times 100\%$$

三、仪器和试剂

仪器：电子天平，酸式滴定管，烧杯（100mL），锥形瓶（250mL），移液管（25.00mL），容量瓶（100mL），水浴装置，量筒等。

试剂：明矾样品，EDTA 标准溶液（0.05mol·L^{-1}），硫酸锌标准溶液（0.05mol·L^{-1}），二甲酚橙指示剂（0.2%），20%六亚甲基四胺等。

四、实训步骤

1. 明矾试样的配制

| 精确称取明矾样品0.50～0.55g于100mL烧杯中，加水20mL溶解 | ⟹ | 将溶液转移至100mL容量瓶中，定容，摇匀 |

2. 明矾含量的测定

| 用移液管移取20.00mL明矾试液于250mL锥形瓶中，平行三份 | ⟹ | 向锥形瓶中加入20.00mL EDTA标准溶液，沸水浴中加热10min，冷却至室温 |

⟹ | 锥形瓶中加水20mL、六亚甲基四胺10mL、二甲酚橙指示剂1滴 | ⟹ | $ZnSO_4$标准溶液滴定溶液颜色由黄色变为橙色即为终点，平行测定三次 |

五、数据记录与处理

测定序号 数据记录与计算	1	2	3
$m_{明矾}$/g			
$V_{明矾}$/mL			
$c(EDTA)/mol \cdot L^{-1}$			
$V(EDTA)$/mL			
$c(ZnSO_4)/mol \cdot L^{-1}$			
$V(ZnSO_4)$初读数/mL			
$V(ZnSO_4)$终读数/mL			
$V(ZnSO_4)$/mL			
$w_{明矾}$/%			
平均值 $\overline{w}_{明矾}$/%			
相对平均偏差/%			

六、问题思索

1. 实验中除了六亚甲基四胺控制酸度外，还可以使用哪些试剂控制？
2. 滴定时，有少量溶液附在锥形瓶内壁，未用蒸馏水冲入溶液中，会造成什么影响？
3. 水中存在的微量离子会引起哪些误差？
4. 本实验能否用铬黑 T 作指示剂来指示终点？为什么？

七、注意事项

1. 由于 Al^{3+} 的络合较慢，且对二甲酚橙具有封闭作用、易于水解，故本实验采用返滴定法。

2. 二甲酚橙在 pH＜6.3 时显黄色，滴定至稍微过量时，Zn^{2+} 与部分二甲酚橙生成紫红色，黄色与紫红色混合后呈橙色。

3. 滴定时加入六亚甲基四胺，可控制体系酸度为 5～6。pH 值较低时络合不完全，太高时则会生成氢氧化铝沉淀。

（本实训项目编写人：秦永华）

一、实训目标

知识目标：

1. 掌握重量法测定水分的原理和方法。
2. 掌握分析天平的使用方法。

能力目标：

1. 能正确使用分析天平。
2. 能够准确判断是否恒重。
3. 能够利用重量法测定结晶水含量。

二、实训原理

二水合氯化钡，化学式为 $BaCl_2 \cdot 2H_2O$，可用作杀虫剂，在农业上用于防治多种植物害虫；除此以外，在工业中也用于制备颜料；纺织工业和皮革工业还用作媒染剂和人造丝消光剂。二水合氯化钡中，结晶水的蒸气压在 20℃ 时为 170Pa，在 35℃ 时为 1570Pa。因此，二水合氯化钡在通常条件下稳定性很好，很难自动脱水。

二水合氯化钡在 113℃ 时会失去结晶水，生成无水氯化钡。无水氯化钡不挥发，也不易变质，因此，在实验中，干燥温度一般选择高于 113℃。

$$BaCl_2 \cdot 2H_2O \xrightarrow{\triangle} BaCl_2 + 2H_2O \uparrow$$

$BaCl_2 \cdot 2H_2O$ 中理论结晶水含量的计算为：

$$w(结晶水) = \frac{2M(H_2O)}{M(BaCl_2 \cdot 2H_2O)} \times 100\% = \frac{2 \times 18.05}{244.27} \times 100\% = 14.75\%$$

本实验采用重量法，根据 $BaCl_2 \cdot 2H_2O$ 干燥前后质量的变化即可计算出样品结晶水的含量，计算公式如下：

$$w_{结晶水} = \frac{m_1 - m_2}{m_{样品}} \times 100\%$$

式中　m_1——烘干前称量瓶与二水合氯化钡的质量，g；

m_2——烘干后称量瓶与无水氯化钡的质量，g；

$m_{样品}$——二水合氯化钡的质量（m_1 的质量减去称量瓶的质量），g。

三、仪器和试剂

仪器：电子天平，扁形称量瓶，烘箱，干燥器等。

试剂：二水合氯化钡。

四、实训步骤

1. 试样的称取

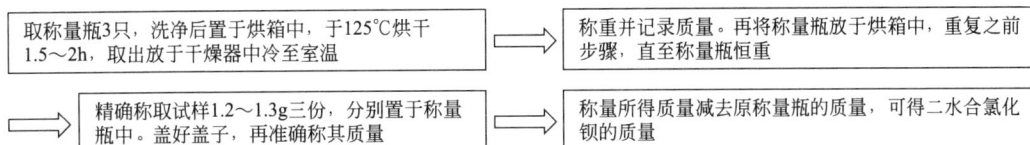

2. 结晶水含量的测定

| 将盛有试样的称量瓶放入烘箱中，于125℃烘干1.5~2h，取出放于干燥器中冷至室温 | ⟹ | 称重并记录。再将其放于烘箱中烘干30min，取出放于干燥器中冷却、称重。重复直至恒重 |

五、数据记录与处理

测定序号 数据记录与计算	1	2	3
$m_瓶$/g			
m_1/g			
$m_样品$/g			
m_2/g			
$m_水$/g			
$w_结晶水$/%			
$\overline{w}_结晶水$/%			
相对平均偏差/%			

六、问题思索

1. 什么叫恒重？要达到恒重，该如何操作？

2. 在烘干过程中，应注意什么问题？

3. 加热时温度一般要高于113℃，通常又不能超过125℃，是何原因？

七、注意事项

1. 一般连续两次干燥的质量差异小于0.2mg，即可认为恒重。

2. 称量时要盖好盖子，以免样品在称量过程中吸湿，影响测定结果。

3. 在干燥时，切勿将称量瓶盖严，否则冷却后盖子不易打开。

（本实训项目编写人：秦永华）

模块四　仪器分析实训

实训二十二　邻二氮菲分光光度法测定水中的微量铁

一、实训目标

知识目标：

1. 熟悉吸量管、容量瓶的使用和定容操作。

2. 熟悉紫外-可见分光光度计的使用。

3. 掌握紫外-可见分光光度法的原理和定性、定量方法。

能力目标：

1. 学会使用紫外-可见分光光度计，绘制吸收曲线和标准曲线，测定水中微量铁。

2. 学会应用计算机处理实验数据。

扫一扫

4-1　比色皿的使用

扫一扫

4-2　721型分光光度计的操作规程

扫一扫

4-3　邻二氮菲分光光度法测定水中的微量铁

二、实训原理

邻二氮菲（又称邻菲啰啉）是目前分光光度法测定微量铁的较好显色剂之一。在 pH 值为 2～9 溶液中，邻二氮菲与 Fe^{2+} 反应生成稳定橙红色配合物，颜色深度与酸度无关。该反应中铁必须是亚铁状态，如果存在 Fe^{3+} 时，则先用盐酸羟胺将 Fe^{3+} 还原为 Fe^{2+}。反应式如下：

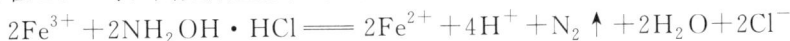

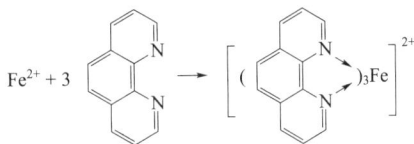

$$2Fe^{3+} + 2NH_2OH \cdot HCl = 2Fe^{2+} + 4H^+ + N_2 \uparrow + 2H_2O + 2Cl^-$$

$$Fe^{2+} + 3 \quad \longrightarrow \quad \left[\left(\quad \right)_3 Fe \right]^{2+}$$

此反应很灵敏，该配合物最大吸收波长为 508～510nm，摩尔吸光系数 $\varepsilon_{510} = 1.1 \times 10^4$ L·mol^{-1}·cm^{-1}。铁含量在 0.1～8μg·mL^{-1} 范围内遵守比尔定律。在最大吸收波长处，测定橙红色配合物的吸光度，根据比尔定律，测定铁含量。

三、仪器和试剂

仪器：紫外-可见分光光度计，容量瓶（50mL、100mL），吸量管（1mL、2mL、5mL、10mL，各 1 支），量筒（10mL），镜头纸。

试剂：盐酸羟胺水溶液（10%，临用时配制）；邻二氮菲水溶液（0.15%，临用时配制）；NaAc（1mol·L^{-1}）；铁标准溶液（100μg·mL^{-1}）：准确称取 0.8634g $NH_4Fe(SO_4)_2$·$12H_2O$，置于烧杯中，加入 20mL 6mol·L^{-1} HCl 溶液和适量蒸馏水，溶解后，定量转移至 1000mL 容量瓶中，加蒸馏水稀释至刻度，摇匀备用。

四、实训步骤

1. 10μg·mL⁻¹ 铁标准溶液的配制

| 用吸量管精确移取10.00mL 100μg·mL⁻¹铁标准溶液 | ⇒ | 转移至100.00mL容量瓶中，加蒸馏水稀释到刻度，定容，摇匀 |

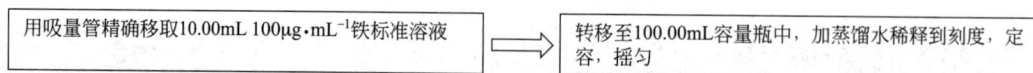

2. 绘制吸收曲线并选择测量波长

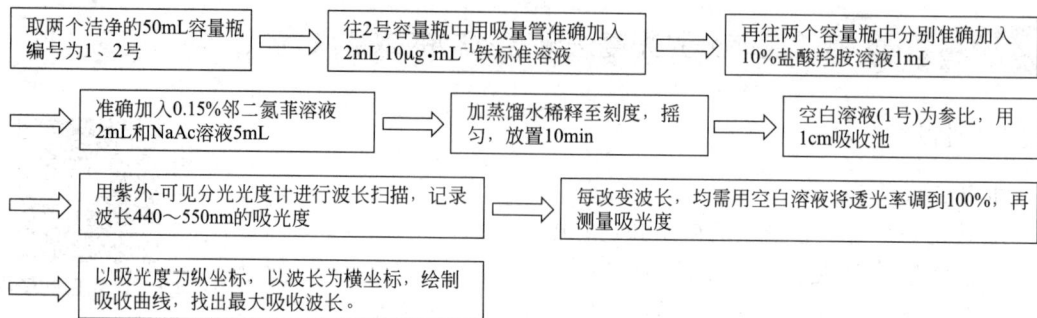

| 取两个洁净的50mL容量瓶编号为1、2号 | ⇒ | 往2号容量瓶中用吸量管准确加入2mL 10μg·mL⁻¹铁标准溶液 | ⇒ | 再往两个容量瓶中分别准确加入10%盐酸羟胺溶液1mL |

| ⇒ 准确加入0.15%邻二氮菲溶液2mL和NaAc溶液5mL | ⇒ | 加蒸馏水稀释至刻度，摇匀，放置10min | ⇒ | 空白溶液(1号)为参比，用1cm吸收池 |

| ⇒ 用紫外-可见分光光度计进行波长扫描，记录波长440～550nm的吸光度 | ⇒ | 每改变波长，均需用空白溶液将透光率调到100%，再测量吸光度 |

| ⇒ 以吸光度为纵坐标，以波长为横坐标，绘制吸收曲线，找出最大吸收波长。 |

3. 绘制吸光度-铁浓度曲线

（1）配制标准溶液

| 取50.00mL容量瓶6个，按下表所列的量，用吸量管移取各种溶液加入容量瓶中 | ⇒ | 加蒸馏水稀释至刻度，定容、摇匀 | ⇒ | 放置10min，配成一系列标准溶液 |

标准溶液及待测溶液

编号	10μg·mL⁻¹ 铁标准溶液 /mL	盐酸羟胺溶液 /mL	邻二氮菲溶液 /mL	NaAc 溶液 /mL	A	Fe^{2+} 浓度 /μg·mL⁻¹
1	0.00	1.00	2.00	5.00		
2	2.00	1.00	2.00	5.00		
3	4.00	1.00	2.00	5.00		
4	6.00	1.00	2.00	5.00		
5	8.00	1.00	2.00	5.00		
6	10.00	1.00	2.00	5.00		
7（水样）	5.00	1.00	2.00	5.00		

（2）绘制标准曲线

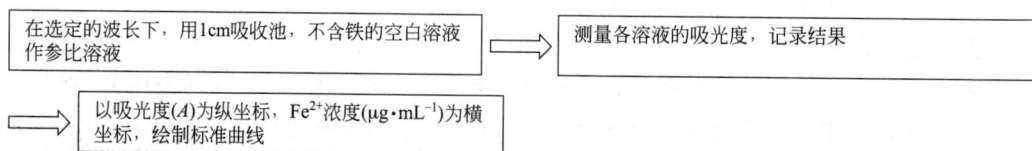

| 在选定的波长下，用1cm吸收池，不含铁的空白溶液作参比溶液 | ⇒ | 测量各溶液的吸光度，记录结果 |

| ⇒ 以吸光度(A)为纵坐标，Fe^{2+}浓度(μg·mL⁻¹)为横坐标，绘制标准曲线 |

4. 测定水样中含铁量

准确吸取待测水样5.00mL，按标准曲线的操作步骤，测定其吸光度A	⟹	根据水样的吸光度，由标准曲线查出试样的含铁量c_x，计算水样的含铁量$c_{水样}$($\mu g \cdot mL^{-1}$)

五、数据记录与处理

1. 吸收曲线的绘制

标准溶液浓度：_____

记录不同波长及相应吸光度，绘制吸收曲线，并确定最大吸收波长。

λ/nm	440	450	460	470	480	490	492	494
A								
λ/nm	496	498	500	502	504	506	508	510
A								
λ/nm	512	514	516	518	520	525	530	540
A								

波长扫描曲线（可在 Excel 表中完成）

最大吸收波长 λ_{max} = _____ nm

2. 未知试样的定量测量

（1）标准曲线的绘制

测量波长：_____　　　　标准溶液原始浓度：_____

容量瓶编号	标准溶液体积/mL	c /$\mu g \cdot mL^{-1}$	A
1	0.00		
2	2.00		
3	4.00		
4	6.00		
5	8.00		
6	10.00		

标准曲线（可在 Excel 表中完成）

标准曲线及线性相关系数：_____

（2）水样中含铁量的测定

试样编号	1	2
水样浓度/$\mu g \cdot mL^{-1}$		
平均值/$\mu g \cdot mL^{-1}$		

六、问题思索

1. 在测绘标准曲线和测定试样时，参比溶液选择什么？用蒸馏水可以吗？

2. 实验中盐酸羟胺、乙酸钠的作用是什么？若用氢氧化钠代替乙酸钠，有什么缺点？

3. 通过相关系数，可评价吸光度与浓度的线性关系好坏，并分析其原因。

七、注意事项

1. 遵守平行原则（加试剂的量、顺序、时间等应一致）。
2. 待测试样应完全透明，如果有混浊，应预先过滤。
3. 为了得到较高的准确度，要选择吸光度与浓度有线性关系的浓度范围，测定时尽量使吸光度在 0.2～0.8。

（本实训项目编写人：戴静波）

实训二十三　紫外分光光度法鉴别和测定维生素 B_{12} 注射液

一、实训目标

知识目标：
1. 熟悉紫外-可见分光光度计的使用。
2. 掌握吸收曲线的绘制方法。
3. 掌握用紫外分光光度法进行定性鉴别、定量分析的方法。

能力目标：
1. 能够用紫外分光光度法进行定性鉴别、定量分析的方法。
2. 学会紫外-可见分光光度计的使用。

二、实训原理

维生素 B_{12} 注射液为粉红色至红色的透明液体，有多种规格（如 $0.25mg \cdot mL^{-1}$、$0.5mg \cdot mL^{-1}$ 等），主要成分维生素 B_{12} 是一种含钴的卟啉类化合物，其水溶液在 $(278\pm1)nm$、$(361\pm1)nm$ 与 $(550\pm1)nm$ 波长处有最大吸收。《中国药典》规定，A_{361nm}/A_{550nm} 在 3.15～3.45 范围内，可作为定性鉴别的依据，其中 361nm 波长处的吸收峰干扰因素少，吸收强，因此用吸收系数法 $[E_{1cm(值)}^{1\%}(361nm)=207]$ 可测定注射液中维生素 B_{12} 的标示百分含量。计算公式如下：

$$c(\mu g \cdot mL^{-1}) = \frac{A}{207} \times 10^4 = A \times 48.31$$

式中，A 为 361nm 处测得的维生素 B_{12} 试样溶液的吸光度。

$$w = \frac{c \times 10^{-3} \times D}{标示量} \times 100\%$$

式中，w 为相对于标示量的百分含量，D 为样品溶液的稀释倍数。

三、仪器和试剂

仪器：紫外-可见分光光度计，石英吸收池，移液管（10mL），容量瓶（100mL）。
试剂：维生素 B_{12} 注射液（标示量 $0.5mg \cdot mL^{-1}$），蒸馏水。

四、实训步骤

1. 制备试样溶液

精确吸取维生素B_{12}注射液5.00mL于100mL容量瓶中	⟹	加蒸馏水至刻度，摇匀，制得试样溶液备用

2. 绘制吸收曲线

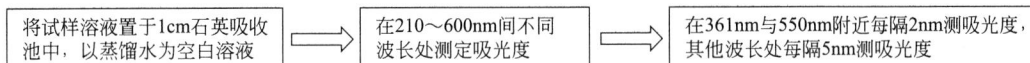

| 将试样溶液置于1cm石英吸收池中，以蒸馏水为空白溶液 | → | 在210～600nm间不同波长处测定吸光度 | → | 在361nm与550nm附近每隔2nm测吸光度，其他波长处每隔5nm测吸光度 |

3. 测定含量

| 将试样溶液置于1cm石英吸收池中，以蒸馏水为空白溶液 | → | 在361nm波长处测定吸光度 |

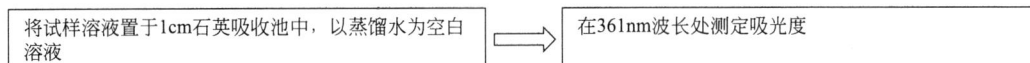

五、数据记录与处理

1. 吸收曲线绘制：以波长为横坐标、吸光度为纵坐标，绘制试样溶液的吸收曲线。

2. 定性鉴别：根据测定 A_{361nm}、A_{550nm} 值计算 A_{361nm}/A_{550nm}，并与《中国药典》规定的范围进行比较，对维生素 B_{12} 进行定性鉴别。

3. 定量分析：以吸收系数法进行含量计算。

$A_{361nm} =$ _____ ，$w =$ _____ 。

六、问题思索

1. 紫外分光光度法有哪几种定量分析方法？
2. 吸收系数法的适用范围是什么？

七、注意事项

1. 《中国药典》规定，维生素 B_{12} 注射液的正常含量应为标示量的 $90.0\%～110\%$。

2. 吸收池的光学面必须清洁干净，不能用手触摸，只能用擦镜纸擦拭。

3. 本实验操作过程中应避光进行。

4. 维生素 B_{12} 注射液有不同规格，稀释倍数根据实际含量而定。

（本实训项目编写人：戴静波）

实训二十四 **磺胺嘧啶红外光谱的绘制和识别**

一、实训目标

知识目标：

1. 掌握红外光谱法的基本原理。
2. 掌握红外光谱仪的基本结构及操作方法。
3. 了解红外光谱的解析方法。

能力目标：

1. 能正常使用红外光谱仪测定目标物质的红外光谱。
2. 能根据红外光谱仪判别测定样品是否是目标物。

二、实训原理

红外吸收光谱是因为分子的振动-转动能级跃迁对光的吸收产生的，吸收光谱的吸收峰数目很多，峰形一般比较窄，特征性很强，基团的振动频率和吸收强度与该分子组成基团的分子量、化学键、分子的几何构型等都直接相关，导致每种物质的红外光谱峰的位置和形状都不一样，通常根据特征的吸收峰进行定量、定性及分子结构的分析。应用最多的是根据红外吸收光谱上峰位、峰强、峰形及峰的数目判断分子中存在的基团及基团的相对位置，判断分子的结构。

三、仪器和试剂

仪器：红外光谱仪，玛瑙研钵，压片模具，压片机，干燥器，电子天平。

试剂：磺胺嘧啶（原料药），溴化钾（光谱纯）。

四、实训步骤

1. 压片

| 称取干燥的磺胺嘧啶约2mg,置于干燥的玛瑙研钵中 | ⇒ | 加入干燥的溴化钾粉末约200mg | ⇒ | 充分研细并研磨均匀 |

| ⇒ | 倒入压片磨具中，并均匀铺平 | ⇒ | 将磨具放入压片机中压制成片 |

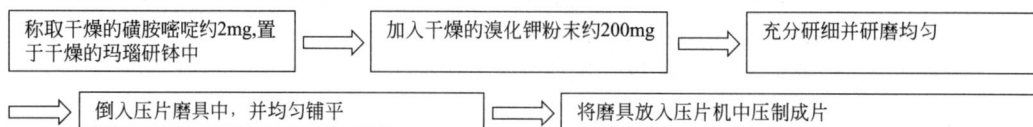

2. 磺胺嘧啶红外吸收光谱的绘制

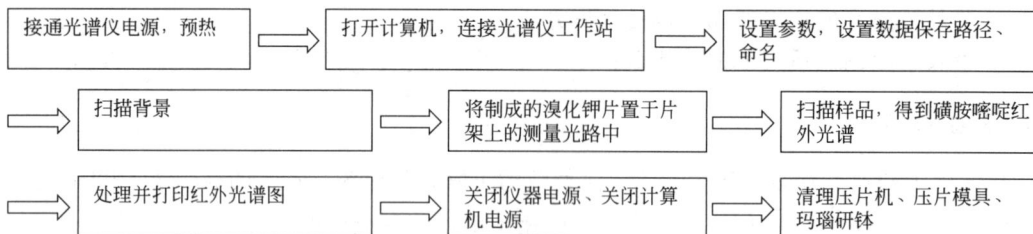

| 接通光谱仪电源，预热 | ⇒ | 打开计算机，连接光谱仪工作站 | ⇒ | 设置参数，设置数据保存路径、命名 |

| ⇒ | 扫描背景 | ⇒ | 将制成的溴化钾片置于片架上的测量光路中 | ⇒ | 扫描样品，得到磺胺嘧啶红外光谱 |

| ⇒ | 处理并打印红外光谱图 | ⇒ | 关闭仪器电源、关闭计算机电源 | ⇒ | 清理压片机、压片模具、玛瑙研钵 |

五、磺胺嘧啶红外光谱的处理

1. 将实验测定的磺胺嘧啶的红外光谱与《药品红外光谱集》中的标准谱图进行比较对照，吸收峰的峰形、峰位、相对强度应该一致，可用于定性判断。

2. 结合理论知识，解析测得的磺胺嘧啶的红外光谱图，找出主要基团对应的吸收峰。

六、问题思索

1. 同一物质的液体或者固体红外吸收光谱是否有区别？

2. 红外光谱仪与紫外分光光度计结构和部件上有什么差别？

3. 测定样品红外光谱时，对样品有什么要求？

七、注意事项

1. 样品的研磨应避免样品吸收水分（可以在控制湿度的室内或者红外灯下进行）。

2. 溴化钾压片制样要均匀，溴化钾和样品的量不能过多，否则样品容易出现麻点，透光率降低。

3. 制样过程中，加压抽气时间不宜过长，真空要缓慢除去，否则容易造成压片破裂。

4. 《中国药典》规定，测定红外光谱扫描速度为 $10\sim15min$，基线应控制在 90% 透光度以上，最强吸收峰透光度在 10% 以下。

5. 若使用不同型号的仪器，应首先用该仪器绘制聚苯乙烯红外光谱图，用来检查仪器的分辨率是否满足要求，分辨率高的仪器在 3100～2800cm^{-1} 区间能分出 7 个碳氢伸缩振动的吸收峰。

（本实训项目编写人：田宗明）

实训二十五 盐酸氯丙嗪有关物质的检查（薄层色谱法）

一、实训目标

知识目标：

1. 掌握薄层板的制备方法。
2. 掌握利用薄层色谱法检查盐酸氯丙嗪中杂质限量的方法。
3. 了解薄层色谱法的基本原理。

能力目标：

1. 能正确制备薄层板。
2. 能熟练利用薄层色谱检查药品杂质限量。
3. 能正确选择展开剂。

二、实训原理

薄层色谱法（TLC）是将固定相均匀地铺在干净、光洁的玻璃板、铝箔或塑料板上，形成薄层，然后在薄层上进行分离的一种方法。TLC 法具有设备简单、操作方便、分离速度快及应用范围广等特点。

由于药品及相关杂质在薄层板上被固定相吸附及被洗脱剂解吸附的性质不同，因此，在一定条件下，将待测样品溶液与一定量的对照溶液（一般为杂质对照品溶液）同时展开，经过显色，将待测样品溶液与对照溶液的主斑点进行对比，即可检查其杂质限量。除选择杂质作为对照溶液外，还可选择待测样品溶液的稀释液作为对照溶液，具体方法为：将待测样品溶液按限量要求稀释至一定的浓度，以此作为对照溶液。将其与待测溶液点样于同一张薄层板上，经展开后，待测样品溶液所显示的杂质斑点不得深于对照溶液所显示斑点的颜色。

盐酸氯丙嗪，又称为氯普吗嗪或冬眠灵，化学名为 2-氯-10-(3-二甲氨基丙基) 吩噻嗪盐酸盐。盐酸氯丙嗪一般采用氯代苯胺与氯代苯甲酸为原料，经取代、环合等多个步骤制备而得，在制备过程中很容易引入其他烷基化的吩噻嗪杂质，且盐酸氯丙嗪注射液见光后发生氧化会产生亚砜类杂质，因此需要检查其杂质限量。盐酸氯丙嗪可采用薄层色谱法中待测样品自身对照法对杂质进行检查。其方法为：取样品，加甲醇制成 1mL 中含 10mg 的溶液，作为供试品溶液；精确量取适量，加甲醇稀释成 1mL 中含 0.1mg 的溶液，作为对照溶液。吸取上述两种溶液各 10μL，分别点于同一硅胶 GF$_{254}$ 薄层板上，以环己烷-丙酮-二乙胺（80：10：10）为展开剂，展开后，晾干，置紫外光灯（254nm）下检视。供试品溶液如显杂质斑点，与对照溶液所显的主斑点比较，不得更深。

三、仪器和试剂

仪器：展缸，玻璃板，紫外分析仪，烘箱，干燥器，点样管，研钵，药匙，天平，量筒（10mL），烧杯（250mL），容量瓶。

试剂：硅胶 GF$_{254}$，环己烷，丙酮，二乙胺，甲醇，盐酸氯丙嗪，羧甲基纤维素钠。

四、实训步骤

1. TLC 板的制备

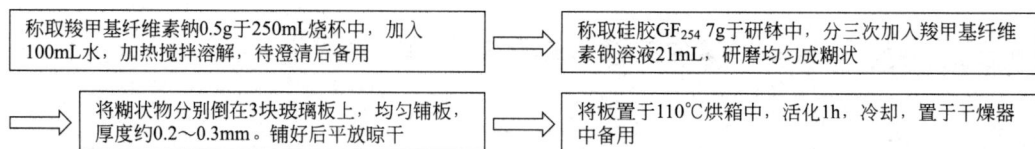

称取羧甲基纤维素钠0.5g于250mL烧杯中，加入100mL水，加热搅拌溶解，待澄清后备用 ⟹ 称取硅胶GF$_{254}$ 7g于研钵中，分三次加入羧甲基纤维素钠溶液21mL，研磨均匀成糊状

将糊状物分别倒在3块玻璃板上，均匀铺板，厚度约0.2～0.3mm。铺好后平放晾干 ⟹ 将板置于110℃烘箱中，活化1h，冷却，置于干燥器中备用

2. 溶液配制

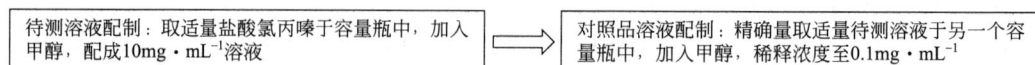

待测溶液配制：取适量盐酸氯丙嗪于容量瓶中，加入甲醇，配成10mg·mL^{-1}溶液 ⟹ 对照品溶液配制：精确量取适量待测溶液于另一个容量瓶中，加入甲醇，稀释浓度至0.1mg·mL^{-1}

3. 点样和展开

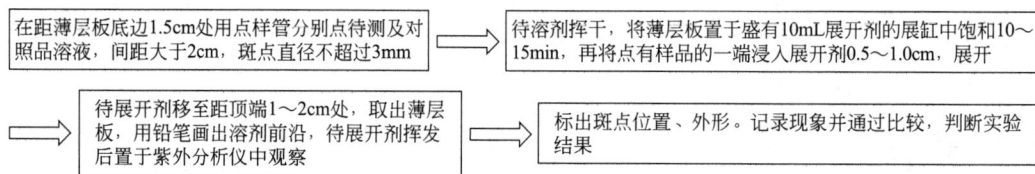

在距薄层板底边1.5cm处用点样管分别点待测及对照品溶液，间距大于2cm，斑点直径不超过3mm ⟹ 待溶剂挥干，将薄层板置于盛有10mL展开剂的展缸中饱和10～15min，再将点有样品的一端浸入展开剂0.5～1.0cm，展开

待展开剂移至距顶顶端1～2cm处，取出薄层板，用铅笔画出溶剂前沿，待展开剂挥发后置于紫外分析仪中观察 ⟹ 标出斑点位置、外形。记录现象并通过比较，判断实验结果

五、数据记录与处理

1. 数据记录

溶液	杂质斑点	位置	外形	颜色深浅	结果
待测溶液					
对照溶液					

2. 数据处理

根据杂质颜色深浅判断是否符合规定，填入表中。

六、问题思索

1. 若在展开时，点样点浸入展开剂中，对实验结果有何影响？
2. 铺板时，若板厚度不均匀，或板面上存在气泡，对实验有何影响？
3. 展缸和薄层板若在使用前未用展开剂蒸气饱和，对实验结果有何影响？
4. 薄层色谱法常用的吸附剂有哪些？其适用范围是什么？

七、注意事项

1. 展开剂选择的一般原则是：极性大的组分用极性大的展开剂，极性小的组分用极性小的展开剂。当单一溶剂展开的效果不好时，可采用混合溶剂来展开。
2. 薄层色谱所用玻璃板应洗净至不挂水珠，表面光滑平整。
3. 在展开时，应将展缸密闭，防止展开剂挥发，否则可能造成展开剂的量减少，延长分析时间；改变展开剂的比例，会影响分离效果。

（本实训项目编写人：秦永华）

实训二十六　有机酸的纸色谱分离及鉴别

一、实训目标

知识目标：

1. 掌握纸色谱的操作方法。
2. 熟悉纸色谱的分离原理。
3. 了解纸色谱在分离、定性方面的应用。

能力目标：

1. 掌握纸色谱的操作方法。
2. 能正确选择展开剂。

二、实训原理

纸色谱是平面色谱的一种，固定相是附着在纸纤维上的水，展开剂（流动相）一般为有机溶剂，利用各组分分配系数不同而得到分离，属于液-液分离色谱。其操作与薄层色谱一样，将样品点样干燥后放入盛有展开剂的密闭容器中，由于滤纸的毛细管作用，溶剂在滤纸上缓缓展开，样品中的各个组分由于移动速度不同，在溶剂展开的过程中得到分离。与薄层色谱相同，纸色谱常用比移值 R_f 来表示各组分在色谱中的位置，作为定性分析的参数。不同的有机酸在结构上存在差异，在水中和有机溶剂中溶解度不同。极性大的有机酸在水中溶解度大，在有机溶剂中溶解度小，因此分配系数（K）较大，比移值（R_f）较小；反之，极性小的有机酸在水中溶解度小，在有机溶剂中溶解度大，因此分配系数（K）较小，比移值（R_f）较大，从而达到分离。

三、仪器和试剂

仪器：色谱筒（高 22cm，内径 5.5cm），玻璃挂钩（带塞），培养皿（直径 12cm），毛细管点样器，电吹风，色谱滤纸（中速），喷雾瓶。

试剂：

① 展开剂：分离酒石酸和羟乙酸：正丁醇-乙酸-水（体积比 12∶3∶5）；分离乙氨酸、丙氨酸和蛋氨酸：正丁醇-乙酸-水（体积比 4∶1∶2）。

② 显色剂：酒石酸和羟乙酸：0.04％溴甲酚蓝乙醇溶液；乙氨酸、丙氨酸和蛋氨酸：0.2％茚三酮正丁醇溶液。

③ 对照品：2％酒石酸和 2％羟乙酸（均为乙醇溶液）；乙氨酸、丙氨酸和蛋氨酸（均为 $1mg \cdot mL^{-1}$）

④ 样品：未知混合酸乙醇溶液，三种氨基酸混合液。

四、实训步骤

1. 条形滤纸色谱分离

（1）色谱滤纸制作

取色谱滤纸(4cm×15cm)，距纸的一端2cm处，用铅笔画一横线作为起始线	⟹	用铅笔标明对照品、样品位置，在起始线上间距为1～1.5cm处做标记，色谱纸上端打一孔，挂于色谱筒内

（2）点样

用毛细管点样器比较平整的一端吸取样品，在相应点样位置轻轻点一下，一般点样1～2次	⟹	点的直径不大于3mm，越小越好，等溶液干后，再继续点样或展开

（3）展开

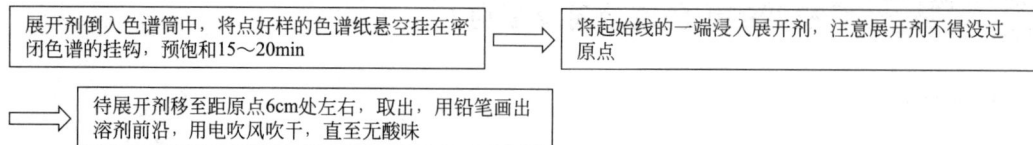

| 展开剂倒入色谱筒中，将点好样的色谱纸悬空挂在密闭色谱的挂钩，预饱和15～20min | ⇒ | 将起始线的一端浸入展开剂，注意展开剂不得没过原点 |

| ⇒ | 待展开剂移至距原点6cm处左右，取出，用铅笔画出溶剂前沿，用电吹风吹干，直至无酸味 |

（4）显色

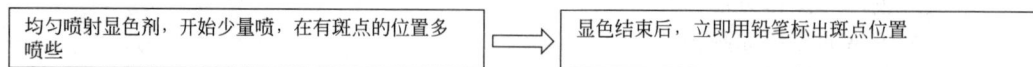

| 均匀喷射显色剂，开始少量喷，在有斑点的位置多喷些 | ⇒ | 显色结束后，立即用铅笔标出斑点位置 |

2．圆形滤纸色谱分离

（1）圆形滤纸制作

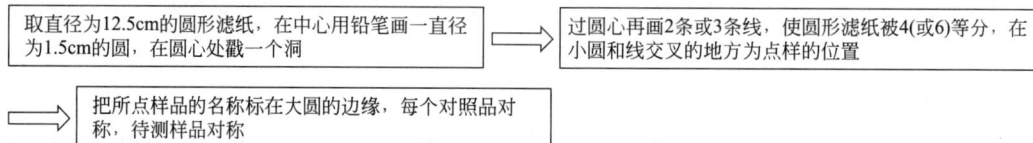

| 取直径为12.5cm的圆形滤纸，在中心用铅笔画一直径为1.5cm的圆，在圆心处戳一个洞 | ⇒ | 过圆心再画2条或3条线，使圆形滤纸被4(或6)等分，在小圆和线交叉的地方为点样的位置 |

| ⇒ | 把所点样品的名称标在大圆的边缘，每个对照品对称，待测样品对称 |

（2）点样　点样操作同"条形滤纸色谱分离"。

（3）展开

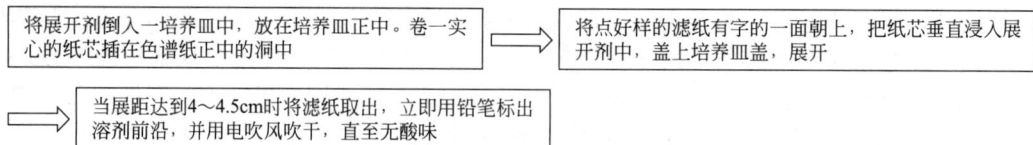

| 将展开剂倒入一培养皿中，放在培养皿正中。卷一实心的纸芯插在色谱纸正中的洞中 | ⇒ | 将点好样的滤纸有字的一面朝上，把纸芯垂直浸入展开剂中，盖上培养皿盖，展开 |

| ⇒ | 当展距达到4～4.5cm时将滤纸取出，立即用铅笔标出溶剂前沿，并用电吹风吹干，直至无酸味 |

（4）显色　显色操作同"条形滤纸色谱分离"。

五、数据记录与处理

1．条形滤纸

$L_0 = \underline{\hspace{3cm}}$ cm

项目	对照品		样品	
	酒石酸	羟乙酸	斑点 A	斑点 B
颜色				
L/cm				
R_f				
结论	—	—		

2．圆形滤纸

$L_0 = \underline{\hspace{3cm}}$ cm

项目	对照品			样品		
	酒石酸(乙氨酸)	羟乙酸(丙氨酸)	蛋氨酸	斑点 A	斑点 B	斑点 C
颜色						
L/cm						
R_f						
结论	—	—	—			

六、问题思索

1. 纸色谱的固定相是什么？
2. 纸色谱定性的依据及计算方法是什么？

七、注意事项

1. 色谱纸要平整，不得沾污，操作时可在下面垫一白纸。
2. 条形色谱纸要垂直悬挂，圆形色谱纸要放水平，纸芯要捻成实心，并竖直放置。
3. 显色前必须把整张色谱纸吹干，直至无酸味为止。
4. 茚三酮对汗液（含氨基酸）能显色，在拿滤纸时应防止汗液污染。
5. 喷洒显色剂的量不要过多，避免显色剂在滤纸上流淌。
6. 不能用钢笔或圆珠笔在色谱纸上做记号。

（本实训项目编写人：戴静波）

实训二十七　酊剂中乙醇含量的气相色谱法测定

一、实训目标

知识目标：

1. 掌握气相色谱法测定酊剂中乙醇含量的方法。
2. 掌握色谱定量的方法。
3. 了解气相色谱仪的使用方法。

能力目标：

1. 能正确使用气相色谱仪。
2. 能熟练配制标准溶液与试样溶液。
3. 能够利用内标对比法测定乙醇含量。

二、实训原理

气相色谱法常用的定量计算方法有归一化法、内标法、内标对比法及外标法等。其中，内标对比法是在不知校正因子时内标法的一种应用。其测定的基本原理为：先将待测组分的纯物质配成标准溶液，再在其中加入一定量的内标物；再按相同比例将内标物加入至相同体积的试样溶液中，分别进样相同体积，在相同条件下检测，即可由下式计算样品中待测组分含量：

$$c_{i样品} = \frac{(A_i/A_s)_{样品} \times c_{i标准}}{(A_i/A_s)_{标准}}$$

式中，c_i 为组分的浓度，A_i、A_s 分别为待测组分和内标物的峰面积。

内标物的选择，应满足下列条件：

① 性质稳定，纯度高，可与待测样品互溶且不发生化学反应。
② 内标物为待测样品中不含有的组分。
③ 能与待测样品的色谱峰分离完全，并且尽量靠近。
④ 内标物的用量应尽可能接近待测组分。

三、仪器和试剂

仪器：气相色谱仪，微量注射器（1μL），移液管（5mL、10mL），容量瓶（100mL）等。

试剂：无水乙醇，无水丙醇，酊剂样品。

四、实训步骤

1. 溶液配制

| 标准溶液配制：准确移取无水乙醇、无水丙醇各5.00mL，置于100mL容量瓶中，定容、摇匀 | ⇒ | 待测溶液配制：准确移取待测酊剂10.00mL、无水丙醇5.00mL，置于100mL容量瓶中，定容、摇匀 |

2. 含量测定

| 色谱温度条件：柱温90℃，气化室温度170℃，FID检测器温度200℃ | ⇒ | 气体表压：N_2(载气)：$9.8×10^4Pa$，H_2：$5.88×10^4Pa$，空气：$4.90×10^4Pa$ |

⇒ 用1μL微量注射器分别吸取0.5μL标准溶液与待测溶液，注入气相色谱仪，记录各峰保留时间及峰面积

五、数据记录与处理

1. 数据记录

溶液	名称	b. p/℃	t_R	A	A_i/A_s	样品c/%
标准溶液	乙醇	78.5				
	丙醇	97.1				
待测溶液	乙醇	78.5				
	丙醇	97.1				

2. 数据处理

$$c_{i样品} = \frac{(A_i/A_s)_{样品} \times 10}{(A_i/A_s)_{标准}} \times 5.00\%$$

式中，10 为稀释倍数；5.00％为 $c_{i标准}$ 的值。

计算 A_i/A_s 的值，填入表中；计算 $c_{i样品}$ 的值，填入表中。

六、问题思索

1. 何种条件下可选用内标对比法测定含量？通常内标物该如何选择？
2. FID 检测器属于什么类型的检测器？具有什么特点？
3. 实验中载气的压力发生变化，会对结果造成什么影响？

七、注意事项

1. 在使用微量注射器时，要注意不要将针芯拉出针筒之外。
2. 吸取待测溶液后，注射器应用乙醇反复清洗，以免堵塞针眼。
3. FID 主要用于含碳有机物的检测，待测液中的水分属于该类检测器不敏感物质，因此，在色谱图中观察不到水峰的存在。

（本实训项目编写人：秦永华）

一、实训目标

知识目标：

1. 掌握色谱柱的基本结构。
2. 掌握考察色谱柱基本特性的方法和评价指标。
3. 熟悉色谱柱理论塔板数、理论塔板高度及拖尾因子的计算。
4. 熟悉利用色谱图计算分离度。

能力目标：

1. 能正确使用高效液相色谱仪。
2. 能考察色谱柱的性能。

二、实训原理

色谱柱的性能优劣有不同的评价指标，一般考察理论塔板数或理论塔板高度、分离度、峰形、孔率及渗透性等，其中最为重要的是理论塔板数或理论塔板高度、分离度、峰的对称性。

在色谱柱的性能测试中，理论塔板数越多或理论塔板高度越小，柱效越高，它反映色谱柱本身的特征，一般用来衡量柱效；分离度是从相邻两组色谱峰分离程度判断分离效能的指标；峰的对称性用拖尾因子来衡量，反映色谱柱的热力学性质和柱填充得是否均匀。

三、仪器和试剂

仪器：高效液相色谱仪（岛津 LC-20A），紫外检测器，C_{18} 反相色谱柱（4.6mm×150mm，5μm），微量注射器（25μL）。

试剂：苯（AR），甲苯（AR），甲醇（色谱纯），超纯水。

四、实训步骤

1. 样品溶液配制

制备含苯、甲苯的甲醇溶液作为样品溶液（10μg·mL^{-1}）

2. 色谱条件设定

流动相：甲醇-水（80：20）；
固定相：C_{18} 反相色谱柱（4.6mm×150mm，5μm）；
检测波长：254nm；
流速：1mL·min^{-1}

3. 进样

设定实验条件，进样量为10μL，接通色谱仪电源，预热 ⟹ 进样，打开计算机，连接色谱仪工作站 ⟹ 记录色谱图设置参数，设置数据保存路径、命名

五、实验结果处理

1. 根据苯、甲苯的色谱峰的保留时间 t_R 和半峰宽 $W_{1/2}$ 的数值，计算色谱柱的理论塔板数。

$$n = 5.54 \times \left(\frac{t_R}{W_{1/2}} \right)^2$$

2. 根据色谱峰的 $W_{0.05h}$ 和峰面积 A，计算拖尾因子 f_s。

$$f_s = W_{0.05h}/2A$$

3. 根据色谱图上的保留时间 t_R 和峰宽 W，按下式计算苯和甲苯的分离度。

$$R = 2 \times \frac{t_{R2} - t_{R1}}{W_1 - W_2}$$

六、问题思索

1. 根据反相色谱机制，说明苯、甲苯在反相色谱柱中的流出先后顺序。
2. 流动相在使用前为什么要脱气？
3. 色谱法中，控制溶液酸碱性的目的是什么？
4. 用不同的物质评价同一色谱柱，结果是否相同？

七、注意事项

1. 流动相使用前需要脱气，脱气的方法有很多，如减压抽吸法、加热回流法、超声法、吹氦气法等。

2. 进样前，对微量注射器和进样器要清洗和润洗，吸取样品溶液后将微量注射器针尖朝上排去气泡，再调整所需进样量，进样完成后，要用丙酮或者甲醇对微量注射器进行清洗。

3. 实验结束后，需要用甲醇冲洗色谱柱约 30min，如果流动相中有缓冲溶液或其他盐类，应先用水冲洗，再用甲醇冲洗。

4. 流动相的流速改变应缓慢，一次不能改变过大，使填料呈最佳分布，保持柱效。

5. 使用完的色谱柱应该保存在溶剂中，常用的是甲醇，最好是乙腈。

（本实训项目编写人：田宗明）

实训二十九 高效液相色谱法测定苯丙酸诺龙的含量

一、实训目标

知识目标：

1. 掌握色谱法中内标法的定量原理和方法。
2. 掌握高效液相色谱仪的基本结构及使用方法。
3. 熟悉高效液相色谱法测定样品含量的相关计算。

能力目标：

1. 能熟练使用高效液相色谱仪。

2. 用高效液相色谱法能正确选用合理的方法测定样品含量。

二、实训原理

色谱法对于多组分混合物既能分离，又能定量分析含量，定量的精度一般小于 2%，峰面积与组分含量成正比，通常用来定量测定样品中组分含量。常用的定量方法有归一化法、外标法、内标法等。本实验所采用内标法是指以一定量的纯物质作为内标物，加入准确称量的样品中，根据样品和内标物质量及相应的峰面积比，求出某组分的含量。当制药测定样品中的某组分（i）时，当标准品溶液和样品溶液稀释的倍数和进样体积相同时，可采用以下公式进行 i 组分的含量计算：

$$w(\%)=\left[\left(\frac{A_i}{A_s}\right)_{样品}\bigg/\left(\frac{A_i}{A_s}\right)_{标准}\right]\times\left(\frac{c_{标准}}{c_{样品}}\right)\times100\%$$

三、仪器和试剂

仪器：高效液相色谱仪（岛津 LC-20A），紫外检测器，C_{18} 反相色谱柱（4.6mm×150mm，5μm），微量注射器（25μL），移液管，离心管，电子天平，容量瓶（10mL）。

试剂：苯丙酸诺龙原料药，苯丙酸诺龙对照品，丙酸睾丸素对照品，甲醇，超纯水。

四、实训步骤

1. 溶液配制

储备液：分别精确称取适量苯丙酸诺龙对照品、丙酸睾丸素对照品及苯丙酸诺龙原料药，用甲醇溶解稀释成三个对应浓度的储备液	⇒	标准溶液：精确量取丙酸睾丸素对照品储备液1.00mL和苯丙酸诺龙对照品储备液1.00mL至同一个10mL容量瓶中，甲醇稀释定容，摇匀

⇒ 样品溶液：精确量取丙酸睾丸素对照品储备液1.00mL和苯丙酸诺龙原料药储备液1.00mL至同一个10mL容量瓶中，甲醇稀释定容，摇匀

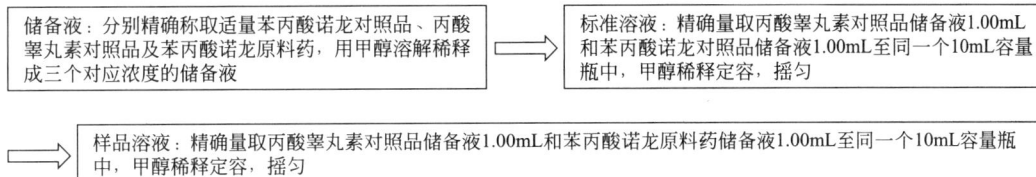

2. 色谱条件设定

流动相：甲醇-水（95:5）；
固定相：C_{18} 反相色谱柱（4.6mm×150mm，5μm）；
检测波长：241nm；
流速：1L·min^{-1}

3. 样品测定

分别取标准溶液和样品溶液20μL	⇒	进样至色谱仪	⇒	记录色谱图

⇒ 测定主要峰的响应值 ⇒ 按内标法计算苯丙酸诺龙含量

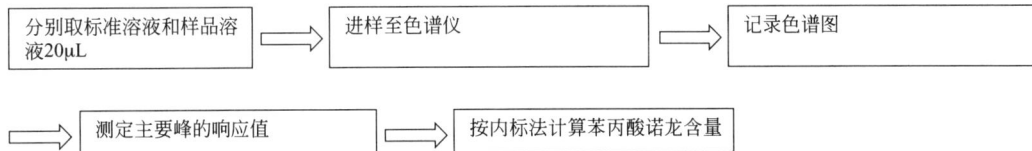

五、实验结果处理

1. 标准溶液及样品溶液对应色谱图中保留值及峰面积。

2. 根据 $w(\%)=\left[\left(\frac{A_i}{A_s}\right)_{样品}\bigg/\left(\frac{A_i}{A_s}\right)_{标准}\right]\times\left(\frac{c_{标准}}{c_{样品}}\right)\times100\%$，计算苯丙酸诺龙原料药含量。

六、问题思索

1. 内标法的优缺点分别是什么？
2. 如果对照品和待测物的色谱峰分离不好，如何解决？

七、注意事项

1. 内标法是通过测量内标物及待测组分的峰面积的相对值来计算样品含量，对于操作条件改变而引起的误差会因为同时反映在内标物和待测组分上而得到抵消，所以计算结果准确。

2. 内标物的选择需要满足以下特点：①待测样品中不能含该物质；②纯度高，性质稳定，与待测样品互溶但不发生化学反应；③内标物的色谱峰出现在待测样品色谱峰附近，但相互完全分离；④加入的量与待测样品含量接近。

3. 高效液相色谱法测定苯丙酸诺龙的方法为《中国药典》的方法，实验过程中根据实验条件的改变，特别是色谱柱的规格，流动相的比例可做适当的调整。

4. 实验结束后，应先清洗色谱柱，再用甲醇或乙腈保护，然后关闭电源。

（本实训项目编写人：田宗明）

模块五 物理化学参数测定实训

一、实训目标

知识目标：

1. 掌握解离常数和化学反应方向的关系。
2. 掌握测定解离常数和解离度的方法。
3. 了解化学平衡的影响因素。

能力目标：

1. 掌握酸度计的使用方法。
2. 测定乙酸的解离常数和解离度。

5-1 pHS-3C
酸度计的使用

二、实训原理

乙酸 CH_3COOH（简写 HAc）为弱电解质，其在水溶液中存在如下解离平衡：

$$HAc + H_2O \rightleftharpoons H_3O^+ + Ac^-$$

乙酸的解离常数为：

$$K_a = \frac{[H_3O^+][Ac^-]}{[HAc]}$$

或

$$K_a = \frac{[H^+][Ac^-]}{[HAc]}$$

解离度为：

$$\alpha = \frac{[H^+]}{c}$$

则有：

$$K_a = \frac{c\alpha^2}{1-\alpha}$$

式中，c 为乙酸溶液的浓度，$mol \cdot L^{-1}$；$[H^+]$、$[Ac^-]$、$[HAc]$ 为平衡时的浓度。

乙酸溶液的浓度 c 可以用 NaOH 标准溶液滴定进行测定。解离平衡时 $[H^+]$ 可用 pH 计测得溶液 pH 值，根据 $pH = -lg[H^+]$，求出 $[H^+]$ 值。根据公式即可计算出解离度和解离常数。在一定温度下，配制一系列不同浓度的乙酸溶液，分别测定其解离度和解离常数，求平均值即为该温度下的解离常数。

三、仪器和试剂

仪器：pHS-3C 酸度计，容量瓶（50mL），烧杯（50mL），移液管（5mL、10mL、25mL），洗耳球，锥形瓶（250mL），滴定管（25mL），量筒（10mL）。

试剂：$0.1mol \cdot L^{-1}$ HAc 溶液，$0.1mol \cdot L^{-1}$ NaAc 溶液，$0.1mol \cdot L^{-1}$ NaOH 标准溶液（已标定），酚酞指示剂。

四、实训步骤

1. 乙酸溶液的标定

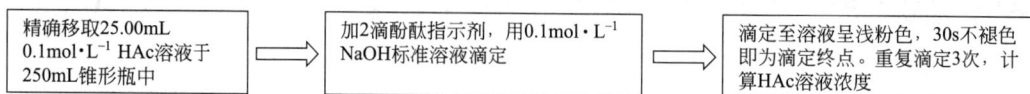

| 精确移取25.00mL $0.1mol \cdot L^{-1}$ HAc溶液于250mL锥形瓶中 | ⇒ | 加2滴酚酞指示剂，用$0.1mol \cdot L^{-1}$ NaOH标准溶液滴定 | ⇒ | 滴定至溶液呈浅粉色，30s不褪色即为滴定终点。重复滴定3次，计算HAc溶液浓度 |

2. 不同浓度乙酸溶液的配制

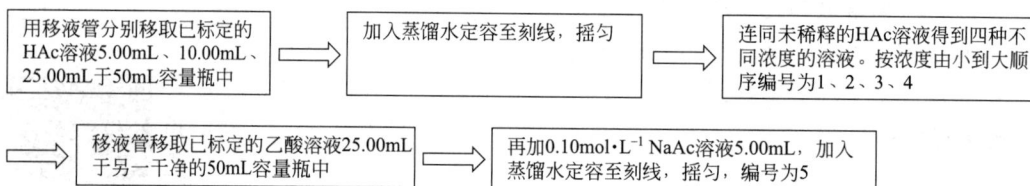

| 用移液管分别移取已标定的HAc溶液5.00mL、10.00mL、25.00mL于50mL容量瓶中 | ⇒ | 加入蒸馏水定容至刻线，摇匀 | ⇒ | 连同未稀释的HAc溶液得到四种不同浓度的溶液。按浓度由小到大顺序编号为1、2、3、4 |

| ⇒ | 移液管移取已标定的乙酸溶液25.00mL于另一干净的50mL容量瓶中 | ⇒ | 再加0.10mol·L⁻¹ NaAc溶液5.00mL，加入蒸馏水定容至刻线，摇匀，编号为5 |

3. 不同浓度乙酸溶液 pH 值的测定

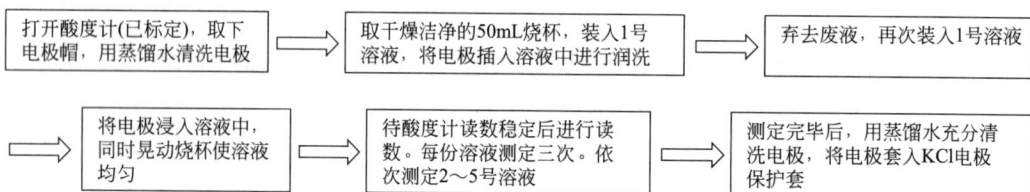

| 打开酸度计(已标定)，取下电极帽，用蒸馏水清洗电极 | ⇒ | 取干燥洁净的50mL烧杯，装入1号溶液，将电极插入溶液中进行润洗 | ⇒ | 弃去废液，再次装入1号溶液 |

| ⇒ | 将电极浸入溶液中，同时晃动烧杯使溶液均匀 | ⇒ | 待酸度计计数稳定后进行读数。每份溶液测定三次。依次测定2～5号溶液 | ⇒ | 测定完毕后，用蒸馏水充分清洗电极，将电极套入KCl电极保护套 |

五、数据记录与处理

温度：＿＿＿＿＿＿＿℃

（1）乙酸溶液的标定

测定次数	1	2	3
$V(HAc)/mL$			
$c(NaOH)/mol \cdot L^{-1}$			
$V(NaOH)$初读数$/mL$			
$V(NaOH)$终读数$/mL$			
$V(NaOH)/mL$			
$c(HAc)/mol \cdot L^{-1}$			
平均值$\bar{c}(HAc)/mol \cdot L^{-1}$			
相对平均偏差$/\%$			

（2）pH 值的测定

编号	$c(HAc)$ /mol·L^{-1}	pH 值	$[H^+]$ /mol·L^{-1}	解离度 α	K_a	K_a 平均值
1						
2						
3						
4						
5						

六、问题思索

1. 测定乙酸溶液的 pH 值时，为什么要按浓度由小到大的顺序测定？
2. 用酸度计测定乙酸的 pH 值时，一般选用何种标准溶液进行定位？
3. 如果配制乙酸的用水不纯，将产生什么影响？

七、注意事项

1. 酸度计的电极在每次使用前，应先用蒸馏水冲洗干净，再用软纸擦干，否则易破坏玻璃膜。
2. 标准缓冲溶液进行定位时，应用专用、洁净的小烧杯取⅓左右体积即可，不可污染。
3. 测定溶液 pH 值时，应用待测液润洗烧杯和电极，再进行测定。测定顺序应按照浓度由小到大的顺序测定。
4. 测定完毕后，应将电极充分洗净，再套入盛有 KCl 溶液的电极帽中。

（本实训项目编写人：刘悦）

实训三十一　最大泡压法测定溶液的表面张力

一、实训目标

知识目标：
1. 掌握表面张力及表面吉布斯能的概念。
2. 了解铺展与润湿的基本理论及规律。
3. 了解因曲面附加压力的产生而引起的各种表面现象。

能力目标：
1. 熟悉吉布斯吸附公式的含义和应用。
2. 掌握最大泡压法对溶液表面张力的测定方法。

二、实训原理

1. Gibbs 吸附公式

从热力学观点来看，液体表面缩小是一自发过程。欲使其表面增加，需对其做功，增加其 Gibbs 函数。表面张力的物理意义是指沿着液体表面垂直作用于表面单位长度上、使界面收缩的力。

定温、定压下，纯溶剂的表面张力是一定值。当向液体中加入某种溶质后，液体的表面张力会随之变化，其变化程度与溶液浓度有关。根据能量最低原理，若加入溶质能降低液体的表面张力，则溶质吸附在表面层以降低体系的表面能；若加入溶质使液体表面张力升高，则表面层的浓度比内部浓度低。这种溶液表面层浓度和溶液内部浓度不同的现象称为溶液的表面吸附。对于两组分（非电解质）稀溶液，在指定温度和压力下，溶质的吸附量与溶液的浓度及表面张力的关系，服从 Gibbs 吸附公式，即：

$$\Gamma = \frac{-c}{RT}\left(\frac{d\sigma}{dc}\right)_T$$

式中　Γ——溶质在每平方米表面层中的吸附量，$mol \cdot m^{-2}$；

　　　σ——溶液表面张力，$N \cdot m^{-1}$；

　　　c——溶液浓度，$mol \cdot L^{-1}$；

　　　T——热力学温度，K；

　　　R——气体常数，$8.314 J \cdot mol^{-1} \cdot K^{-1}$。

2. 最大泡压法测定表面张力

本实验依据 Gibbs 吸附公式进行计算，测定已知溶液不同浓度下的表面张力，即可求出相应的吸附量。采用最大泡压法，仪器装置如图 5-1 所示。

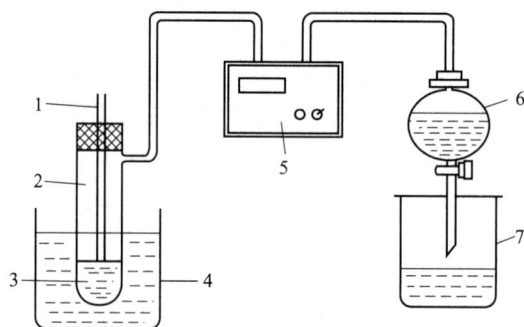

图 5-1　最大泡压法测表面张力仪器装置

1—毛细管；2—表面张力测定管；3—待测液；4—恒温槽；
5—数字微压差测量仪；6—分液漏斗；7—烧杯

将待测溶液装入表面张力测定管中，毛细管下端管口与待测溶液液面相切。当分液漏斗减压时，毛细管与液面接触部位将有气泡逸出。随着压差增大，气泡的曲率半径由大减小，直至形成曲率半径最小（等于毛细管半径 r）的半球形气泡，此时平衡压力差 Δp 最大，即：

$$\Delta p = \frac{2\sigma}{r}$$

式中　Δp——最大压力差；

　　　r——毛细管半径；

　　　σ——溶液表面张力。

若用同一根毛细管分别测定两种不同表面张力 σ_1 和 σ_2 的溶液时，则有如下关系：

$$\sigma_1 = \frac{1}{2}r\Delta p_1$$

$$\sigma_2 = \frac{1}{2} r \Delta p_2$$

即

$$\sigma_1 = \sigma_2 \frac{\Delta p_1}{\Delta p_2} = K \Delta p_1$$

式中，K 为仪器常数，可由实验温度下查表得水的表面张力求得。

最大压力差可由数字微压差测量仪读出，测出同一温度下不同浓度溶液的最大压力差，计算可得不同浓度溶液的表面张力，并可得溶液表面张力和溶液浓度关系，如图 5-2 所示。

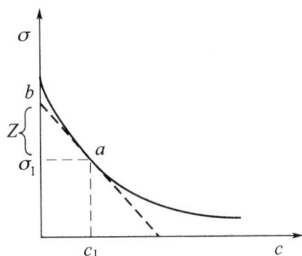

图 5-2　表面张力与浓度的关系

三、仪器和试剂

仪器：表面张力测定装置，恒温槽，洗耳球 1 个，移液管（5mL、1mL），烧杯（500mL），温度计，容量瓶（50mL）。

试剂：正丁醇（AR）0.5000mol·L^{-1}，蒸馏水。

四、实训步骤

1. 正丁醇溶液的梯度稀释

| 用刻度吸量管分别移取0.5000mol·L^{-1}正丁醇溶液1mL、1.5mL、2mL、2.5mL、3mL、3.5mL、4mL、4.5mL和5mL，置于50mL容量瓶中 | ⇒ | 用蒸馏水稀释，定容后待用 |

2. 仪器常数 K 的测定

| 洗净毛细管尖端，通常用温热的洗液浸洗，用水冲洗后，用蒸馏水淋洗数次即可 | ⇒ | 测定管中加入蒸馏水，置于恒温槽中。恒温槽温度调节到25℃ | ⇒ | 将毛细管插入测定管中，使毛细管下端管口与液面相切，恒温20min |

| 打开分液漏斗的旋塞，开始放液抽气，此时毛细管口有气泡逸出 | ⇒ | 调节旋塞以控制气泡逸出速度，以每分钟5～10个气泡为宜 | ⇒ | 待气泡形成速度稳定后，读取数字微压差测量仪上最大压力差，测定三次记录数据，求平均值 |

3. 测定不同浓度正丁醇溶液的表面张力

| 测定管中加入正丁醇溶液，先用正丁醇溶液洗涤测定管和毛细管2～3次 | ⇒ | 按上述同样方法测定正丁醇溶液表面张力，测定顺序由稀溶液到浓溶液 | ⇒ | 测定三次并记录数据，求平均值 |

| 实验过程中应注意保护毛细管尖端，以免碰损或沾污影响测定 | ⇒ | 测定结束后，关闭旋塞和测量仪，用蒸馏水清洗测量管和毛细管 | ⇒ | 反复冲洗毛细管及其内部，保证洁净。将毛细管浸入纯净的蒸馏水中放置 |

五、数据记录与处理

实验温度：＿＿＿＿＿＿＿

查表得：水的表面张力 σ：＿＿＿＿＿　　　仪器常数 K：＿＿＿＿＿

数据记录表：

正丁醇水溶液 c /mol·L^{-1}	Δp/Pa				σ/N·m^{-1}
	1	2	3	平均值	
纯水					

数据处理：

1. 查表得实验温度时水的表面张力，求仪器常数 K 值。

2. 计算不同浓度正丁醇溶液的表面张力，列入表中。

3. 以正丁醇浓度 c 为横坐标、表面张力 σ 为纵坐标绘制曲线，得到表面张力与溶液浓度的关系图。

六、问题思索

1. 本实验中产生的误差及其原因有哪些？

2. 如果毛细管尖端逸出气泡过快，对实验结果产生什么影响？

3. 如果毛细管尖端沾有油污，对实验结果产生什么影响？

七、注意事项

1. 毛细管的下端管口一定要与待测液的液面垂直相切。

2. 测定管和毛细管一定要清洗干净。

3. 每次换新溶液测定时，需用新溶液润洗测定管和毛细管 3 次，然后再装入新溶液测定。

4. 待测液的测定应按照浓度由稀到浓的顺序。

5. 毛细管尖端一定不能沾污和碰损。

（本实训项目编写人：刘悦）

实训三十二　黏度法测定大分子化合物的分子量

一、实训目标

知识目标：

1. 掌握黏度法测定大分子化合物的分子量的原理。
2. 掌握乌氏黏度计测定液体黏度的原理。

能力目标：

1. 掌握乌氏黏度计测定液体黏度的方法。
2. 黏度法测定右旋糖酐的分子量。

二、实训原理

黏度法测定高分子化合物的分子量，具有实际意义。一般来说，高分子化合物由单体分子经过加聚或缩聚过程而形成，由于聚合度不同，每个高分子化合物的分子量并不均一，因此其分子量只能是一个统计平均值。由于高分子化合物分子链长度远大于溶剂分子，加上溶剂化作用，使其流动时受到较大的内摩擦阻力，因此高分子化合物的黏度非常大。可以利用高分子化合物的黏度测定其分子量，符合马克-豪温克（Mark-Houwink）经验方程：

$$[\eta] = KM^{\alpha}$$

式中　$[\eta]$——特性黏度；

M——高分子化合物的分子量；

K，α——与温度、高聚物和溶剂性质相关的常数。

对于右旋糖酐，25℃时以水为溶剂，$K = 9.78 \times 10^{-4}$，$\alpha = 0.5$。因此只要通过实验得到特性黏度 $[\eta]$，即可求得高聚物的分子量。特性黏度 $[\eta]$ 的算法如下：

1. 测定右旋糖酐的相对黏度 η_r

$$\eta_r = \frac{\eta}{\eta_0} = \frac{dt}{d_0 t_0}$$

式中　η——溶液黏度；

η_0——水的黏度；

d——溶液密度；

t——溶液流经毛细管所用的时间；

d_0——标准液（水）的密度；

t_0——标准液（水）流经毛细管所用的时间。

2. 由相对黏度求增比黏度 η_{sp}

$$\eta_{sp} = \eta_r - 1$$

3. 由增比黏度求比浓黏度（η_{sp}/ρ）

$$\frac{\eta_{sp}}{\rho} = \frac{\eta_r - 1}{\rho}$$

式中，ρ 为溶液的浓度，$g \cdot L^{-1}$。

4. 以比浓黏度（η_{sp}/ρ）对 ρ 作图，如图 5-3 所示，直线的截距即为特性黏度 $[\eta]$。

在本实验中，黏度测定采用毛细管法，即通过一定体积的液体流经一定长度和半径的毛细管所需时间而获得。实验采用乌氏黏度计，当溶液在重力作用下流经毛细管时，遵循泊肃叶公式：

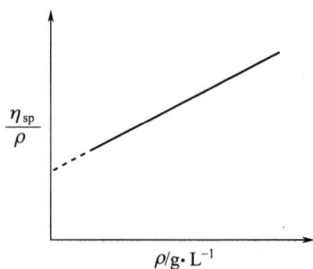

图 5-3 求特性黏度 $[\eta]$

$$\eta = \frac{\pi h \rho g t r^4}{8lV}$$

式中　l——毛细管长度;

　　　r——毛细管半径;

　　　t——流出时间;

　　　h——流过毛细管液体的平均液柱高度;

　　　g——重力加速度;

　　　V——流经毛细管液体的体积。

一般采用相对黏度 η_r 表示,即液体的黏度与相同条件下标准液(如水)的黏度之比,则待测液相对黏度 η_r 为:

$$\eta_r = \frac{\eta}{\eta_0} = \frac{t}{t_0}$$

式中　η——待测液黏度;

　　　η_0——标准液(水)黏度;

　　　t——待测液流出时间;

　　　t_0——标准液(水)流出时间。

由于乌氏黏度计(图 5-4)毛细管两端压力差与液体体积无关,在操作上可以即时稀释溶液,所以一般只需测定溶液和溶剂(水)在刻线 a 和刻线 b 所需的时间,即可得到相对黏度 η_r。

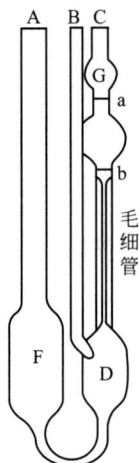

图 5-4　乌氏黏度计

三、仪器和试剂

仪器:电子天平,乌氏黏度计,恒温槽,水浴装置,3 号砂芯漏斗,容量瓶(100mL),

烧杯（100mL），移液管（2mL、5mL、10mL），秒表，洗耳球，止水夹，乳胶管，超声波清洗机。

试剂：右旋糖酐（AR），蒸馏水，无水乙醇。

四、实训步骤

1. 溶液配制

精确称取右旋糖酐(AR) 2g，倒入预先洗净的100mL烧杯中，加入60mL蒸馏水	⇒	水浴加热溶解，至溶液完全透明，自然冷却至室温	⇒	将溶液转移入100mL容量瓶中，加蒸馏水稀释至刻度

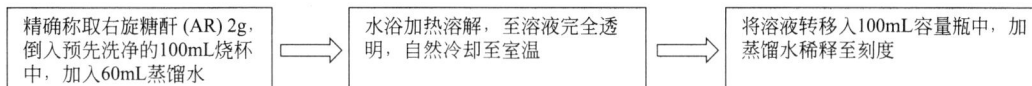

2. 黏度计的洗涤和恒温

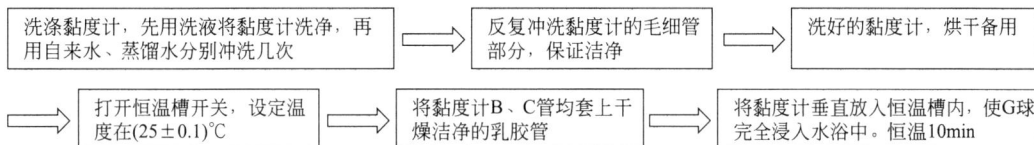

洗涤黏度计，先用洗液将黏度计洗净，再用自来水、蒸馏水分别冲洗几次	⇒	反复冲洗黏度计的毛细管部分，保证洁净	⇒	洗好的黏度计，烘干备用

⇒	打开恒温槽开关，设定温度在(25±0.1)℃	⇒	将黏度计B、C管均套上干燥洁净的乳胶管	⇒	将黏度计垂直放入恒温槽内，使G球完全浸入水浴中。恒温10min

3. 测定溶剂流出时间 t_0

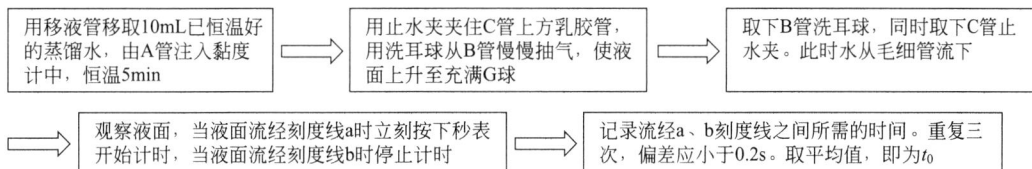

用移液管移取10mL已恒温好的蒸馏水，由A管注入黏度计中，恒温5min	⇒	用止水夹夹住C管上方乳胶管，用洗耳球从B管慢慢抽气，使液面上升至充满G球	⇒	取下B管洗耳球，同时取下C管止水夹。此时水从毛细管流下

⇒	观察液面，当液面流经刻度线a时立刻按下秒表开始计时，当液面流经刻度线b时停止计时	⇒	记录流经a、b刻度线之间所需的时间。重复三次，偏差应小于0.2s。取平均值，即为t_0

4. 测定溶液流出时间 t

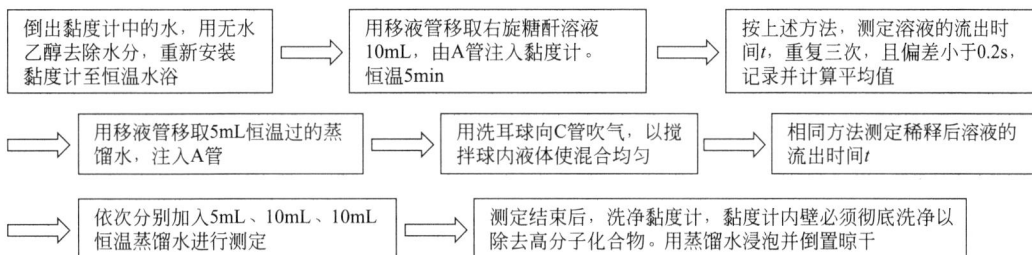

倒出黏度计中的水，用无水乙醇去除水分，重新安装黏度计至恒温水浴	⇒	用移液管移取右旋糖酐溶液10mL，由A管注入黏度计。恒温5min	⇒	按上述方法，测定溶液的流出时间t，重复三次，且偏差小于0.2s，记录并计算平均值

⇒	用移液管移取5mL恒温过的蒸馏水，注入A管	⇒	用洗耳球向C管吹气，以搅拌球内液体使混合均匀	⇒	相同方法测定稀释后溶液的流出时间t

⇒	依次分别加入5mL、10mL、10mL恒温蒸馏水进行测定	⇒	测定结束后，洗净黏度计，黏度计内壁必须彻底洗净以除去高分子化合物。用蒸馏水浸泡并倒置晾干

五、数据记录与处理

实验温度：＿＿＿＿＿＿　　大气压：＿＿＿＿＿＿

恒温槽温度：＿＿＿＿＿＿

数据记录表：

	$\rho/\text{g} \cdot \text{L}^{-1}$			纯水 t_0/s
t/s		1		
		2		
		3		
平均值				

数据处理：

1. 计算

$\rho/\text{g}\cdot\text{L}^{-1}$	
η_r	
η_{sp}	
η_{sp}/ρ	

2. η_{sp}/ρ 对 ρ 作图，求得截距，即特性黏度 $[\eta]$。

3. 根据公式 $[\eta]=KM^{\alpha}$，求得右旋糖酐分子量 M。25℃时以水为溶剂，$K=9.78\times10^{-4}$，$\alpha=0.5$。

六、问题思索

1. 乌氏黏度计中的 C 管作用是什么？如除去 C 管，是否影响黏度测定？

2. 简述影响测定结果准确性的因素。

3. 若两次测定流出时间大于 0.2s，应如何处理？

七、注意事项

1. 黏度计使用前必须洗净，洗净的标准是器壁不能挂有水珠。如毛细管壁上挂水珠，可用洗液浸泡后洗净。

2. 测定时应保持黏度计垂直，否则影响结果的准确性。

3. 由于溶液的稀释在黏度计中进行，应将稀释用溶剂放入同一个恒温槽中恒温后方可使用。

4. 高聚物溶解缓慢，在配制溶液时应保证其完全溶解，以免影响溶液的起始浓度，导致结果偏低。

（本实训项目编写人：刘悦）

实训三十三 蔗糖水解速率常数的测定

一、实训目标

知识目标：

1. 掌握化学反应速率：反应速率的表示及测定；反应速率方程和速率常数等概念。

2. 熟悉简单级数的反应：零级反应、一级反应、二级反应以及反应级数的确定。

3. 了解旋光仪的基本工作原理。

能力目标：

1. 掌握物理法测定蔗糖水解反应的速率常数和半衰期的方法。

2. 掌握旋光仪的正确使用方法。

二、实训原理

蔗糖水解的反应方程式为：

$$C_{12}H_{22}O_{11} \xrightarrow{H^+} C_6H_{12}O_6 + C_6H_{12}O_6$$

（蔗糖）　　　　（葡萄糖）　　　（果糖）

此反应为二级反应，在水溶液中反应极慢，通常在 H^+ 催化作用下进行。由于反应存在大量的水，尽管有部分水分子参加了反应，但可近似认为整个反应过程水的浓度是恒定的，H^+ 作为催化剂浓度也保持不变，因此蔗糖水解反应可看作一级反应，其动力学方程式为：

$$-\frac{\mathrm{d}c}{\mathrm{d}t}=kc$$

式中　k——反应速率常数；

　　　c——时间 t 时的反应物浓度。

对上式积分可得到：

$$\ln c=-kt+\ln c_0$$

式中，c_0 为反应开始时的蔗糖浓度。

由于蔗糖及其水解产物都具有旋光性，且各自的旋光能力不同，因此可以利用体系在反应过程中的旋光度变化来度量反应的进程。

利用旋光仪可测定物质的旋光度。旋光仪测旋光度，根据溶液中物质的旋光能力、溶剂性质、溶液浓度、旋光管长度、光源波长以及温度变化，显示不同数值。假设其他条件都固定不变时，旋光度与溶液浓度的关系为：

$$\alpha=\kappa c$$

式中　α——物质的旋光度；

　　　c——溶液的浓度；

　　　κ——比例常数，与物质的旋光能力、溶剂性质、旋光管长度、温度等情况有关。

通常也可用比旋光度 $[\alpha]_\lambda^t$ 来表示，即：

$$[\alpha]_\lambda^t=\frac{\alpha}{lc}$$

式中　t——测定的温度；

　　　λ——测定的波长；

　　　l——旋光管长度，dm；

　　　α——物质旋光度；

　　　c——溶液的浓度，$mol \cdot L^{-1}$。

一般以钠光 D 线和 20℃ 为标准，蔗糖为右旋物质，其比旋光度 $[\alpha]_D^{20}=66.65°$，生成物葡萄糖也为右旋物质，其比旋光度 $[\alpha]_D^{20}=52.5°$，生成物果糖为左旋物质，其比旋光度 $[\alpha]_D^{20}=-91.9°$。由于果糖的左旋比旋光度比葡萄糖的右旋比旋光度大，所以生成物呈现左旋性。因此，随着反应的进行，体系的右旋性不断减小，反应至某一瞬间，体系的比旋光度恰好为零，而后体系变为左旋，直至蔗糖完全水解转化，此时左旋达到最大值 α_∞。

设最初体系的旋光度为 α_0，此时 $t=0$、$c=c_0$、$\kappa_反$ 为反应物的比例常数，则有：

$$\alpha_0=\kappa_反 c_0$$

最终体系的旋光度为 α_∞，此时 $t=\infty$、$c_\infty=0$、$\kappa_产$ 为生成物的比例常数，则有：

$$\alpha_\infty=\kappa_产 c_0$$

当反应时间为 t 时，旋光度 α_t 为：

$$\alpha_t=\kappa_反 c+\kappa_产 (c_0-c)$$

联立可得：

$$\alpha_t = (\kappa_{\text{反}} - \kappa_{\text{产}})c + \kappa_{\text{产}} \frac{\alpha_\infty}{\kappa_{\text{产}}}$$

因此：

$$c = \frac{\alpha_t - \alpha_\infty}{\kappa_{\text{反}} - \kappa_{\text{产}}}$$

令 $\kappa' = \dfrac{1}{\kappa_{\text{反}} - \kappa_{\text{产}}}$

则有

$$c = \kappa'(\alpha_t - \alpha_\infty)$$
$$c_0 = \kappa'(\alpha_0 - \alpha_\infty)$$

代入得：

$$\ln(\alpha_t - \alpha_\infty) = -kt + \ln(\alpha_0 - \alpha_\infty)$$

以 $\ln(\alpha_t - \alpha_\infty)$ 对 t 作图，由直线斜率求速率常数 k，并计算反应半衰期 $t_{1/2}$。

三、仪器和试剂

仪器：WXG-4 型旋光仪，电子天平，秒表，容量瓶（100mL），具塞锥形瓶（250mL），烧杯（100mL），移液管（50mL，2 个），恒温水浴槽。

试剂：蔗糖（AR），$3\text{mol} \cdot \text{L}^{-1}$ HCl 溶液。

四、实训步骤

1. 旋光仪零点的校正

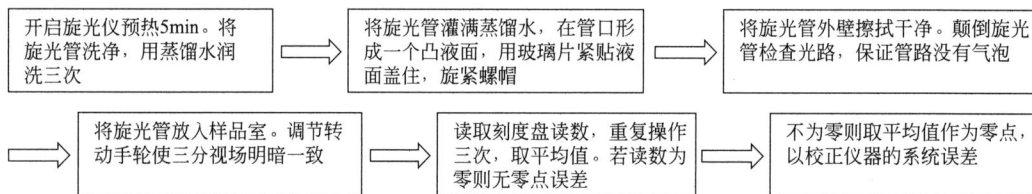

| 开启旋光仪预热5min。将旋光管洗净，用蒸馏水润洗三次 | ⇒ | 将旋光管灌满蒸馏水，在管口形成一个凸液面，用玻璃片紧贴液面盖住，旋紧螺帽 | ⇒ | 将旋光管外壁擦拭干净。颠倒旋光管检查光路，保证管路没有气泡 |

| ⇒ | 将旋光管放入样品室。调节转动手轮使三分视场明暗一致 | ⇒ | 读取刻度盘读数，重复操作三次，取平均值。若读数为零则无零点误差 | ⇒ | 不为零则取平均值作为零点，以校正仪器的系统误差 |

2. 蔗糖溶液的配制

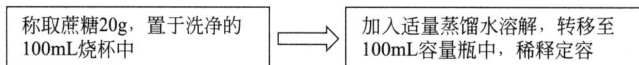

| 称取蔗糖20g，置于洗净的100mL烧杯中 | ⇒ | 加入适量蒸馏水溶解，转移至100mL容量瓶中，稀释定容 |

3. 反应过程 α_t 的测定

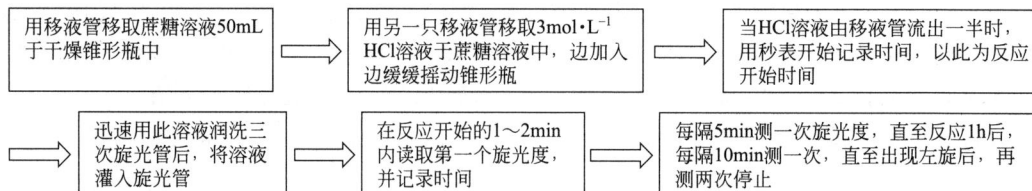

| 用移液管移取蔗糖溶液50mL于干燥锥形瓶中 | ⇒ | 用另一只移液管移取$3\text{mol} \cdot \text{L}^{-1}$ HCl溶液于蔗糖溶液中，边加入边缓缓摇动锥形瓶 | ⇒ | 当HCl溶液由移液管流出一半时，用秒表开始记录时间，以此为反应开始时间 |

| ⇒ | 迅速用此溶液润洗三次旋光管后，将溶液灌入旋光管 | ⇒ | 在反应开始的1~2min内读取第一个旋光度，并记录时间 | ⇒ | 每隔5min测一次旋光度，直至反应1h后，每隔10min测一次，直至出现左旋后，再测两次停止 |

4. α_∞ 的测定

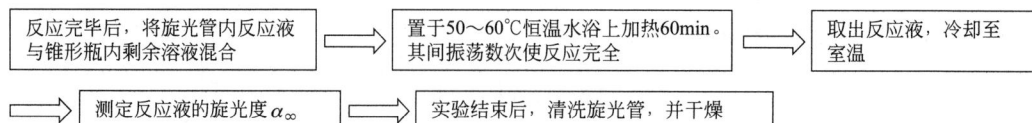

| 反应完毕后，将旋光管内反应液与锥形瓶内剩余溶液混合 | ⇒ | 置于50~60℃恒温水浴上加热60min。其间振荡数次使反应完全 | ⇒ | 取出反应液，冷却至室温 |

| ⇒ | 测定反应液的旋光度 α_∞ | ⇒ | 实验结束后，清洗旋光管，并干燥 |

五、数据记录与处理

1. 数据记录

实验温度：_____ 零点读数：_____

恒温槽温度：_____ α_∞：_____

数据记录表：

t/min					
α_t					
$\alpha_t - \alpha_\infty$					
$\ln(\alpha_t - \alpha_\infty)$					

2. 数据处理

计算 $\alpha_t - \alpha_\infty$ 和 $\ln(\alpha_t - \alpha_\infty)$，填入表中。

以 $\ln(\alpha_t - \alpha_\infty)$ 为纵坐标、t 为横坐标作图，由直线斜率求速率常数 k，并计算反应半衰期 $t_{1/2}$。

六、问题思索

1. $[H^+]$ 对反应速率常数有无影响？蔗糖的水解速率与哪些因素有关？
2. 如果混合次序颠倒，将蔗糖溶液倒入 HCl 溶液中是否可以？为什么？
3. 如果旋光仪有零点误差，对实验结果将造成什么影响？
4. 装入溶液的旋光管为什么要保证没有气泡？

七、注意事项

1. 旋光管灌入待测液后应检查，不应有气泡，不应漏液。旋光管外壁必须擦干后方可放入样品室，以免腐蚀仪器。

2. 必须校正零点误差，以免影响结果测定。

3. 测定完毕后应及时将旋光管内溶液倒出，用蒸馏水反复洗净，玻璃片应当用擦镜纸擦拭，管外壁应当用软布擦干。

4. 水浴加热蔗糖反应液时，水浴温度不宜过高，否则将发生副反应，导致溶液变黄。应使用具塞锥形瓶，以免加热过程中溶液蒸发，使浓度发生改变，影响测定。

（本实训项目编写人：刘悦）

实训三十四 表面活性剂 CMC 值的测定（电导法）

一、实训目标

知识目标：

1. 了解表面活性剂特性及胶束形成原理。
2. 熟悉离子型表面活性剂水溶液的电导率与浓度的变化关系。

能力目标：

1. 掌握电导率仪和恒温槽的使用方法。

2. 会用电导法测定十二烷基硫酸钠（SDS）的临界胶束浓度（CMC）。

二、实训原理

表面活性剂是一类既有亲油性又有亲水性的"两亲"性质的分子。这类分子含有亲油的长链（大于 10 个 C）烃基和亲水的极性（离子化的）基团。表面活性剂溶于水后，当表面活性剂浓度较低时，表面活性剂在溶液表面定向排列，呈分子状态，溶液中的浓度相对较低，见图 5-5(a)、(b)；当溶液浓度增大，超过一定值时，表面活性剂分子立刻缔合形成很大的基团，称为"胶束"，这时胶束存在形式是比较稳定的，见图 5-5(c)。表面活性物质在水中形成胶束所需的最低浓度称为临界胶束浓度（critical micelle concentration），简称 CMC。

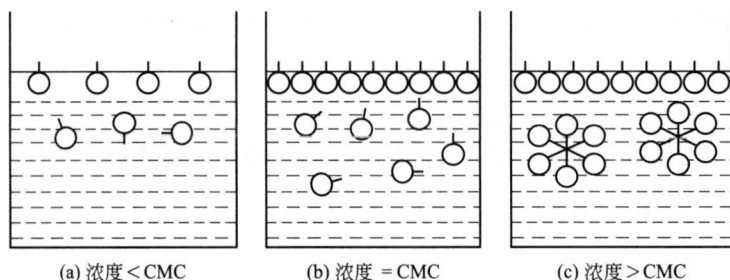

(a) 浓度＜CMC   (b) 浓度＝CMC   (c) 浓度＞CMC

图 5-5　胶束形成过程图

当溶液处于临界胶束浓度时，由于溶液结构的改变，导致其物理化学性质发生突变。如电导率、去污力、增溶作用在 CMC 之后变化更为明显。因此，CMC 是表面活性剂的重要特征。通过测定 CMC，掌握其影响因素，对深入研究表面活性剂的物理化学性质至关重要。

本实验采用电导法测表面活性剂 CMC，通过测定十二烷基硫酸钠溶液的电导率，由电导率和溶液浓度的关系，求临界胶束浓度。对于电解质溶液，其电导用 G 表示：

$$G = \kappa \frac{A}{l}$$

式中　κ——电解质溶液的电导率，$S \cdot m^{-1}$；

$\dfrac{A}{l}$——电导电极常数，m^{-1}。

一定温度下的强电解质稀溶液的电导率，可用摩尔电导率 Λ_m 表示，Λ_m 与电导率 κ 的关系为：

$$\Lambda_m = \frac{\kappa}{c}$$

式中　c——溶液的物质的量浓度，$mol \cdot m^{-3}$；

Λ_m——溶液的摩尔电导率，单位 $S \cdot m^2 \cdot mol^{-1}$。

一定温度下，电解质溶液的摩尔电导率随浓度变化。在极稀浓度范围内，强电解质溶液的摩尔电导率 Λ_m 与溶液浓度的平方根 $\sqrt{c}$ 成线性关系：

$$\Lambda_m = \Lambda_m^\infty - A\sqrt{c}$$

式中　Λ_m^∞——无限稀释时溶液的摩尔电导率；

A——电解质溶液导电的有效截面积，cm^2，一定温度下为常数。

将 Λ_m 对 $\sqrt{c}$ 作图，用直线外推法，可以求出无限稀释溶液摩尔电导率。将 Λ_m 对 c 作图，与 Λ_m 对 $\sqrt{c}$ 两曲线延长线相交，从图中转折点（相交点）找到临界胶束浓度 CMC。

三、仪器和试剂

仪器：电导率仪，铂黑电极，电子天平，烘箱，容量瓶（100mL），烧杯（100mL），刻度吸量管，恒温水浴槽。

试剂：十二烷基硫酸钠（AR），KCl（AR）。

四、实训步骤

1. 仪器预热

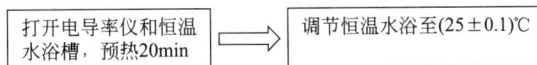

打开电导率仪和恒温水浴槽，预热20min ⇒ 调节恒温水浴至(25±0.1)℃

2. 溶液配制

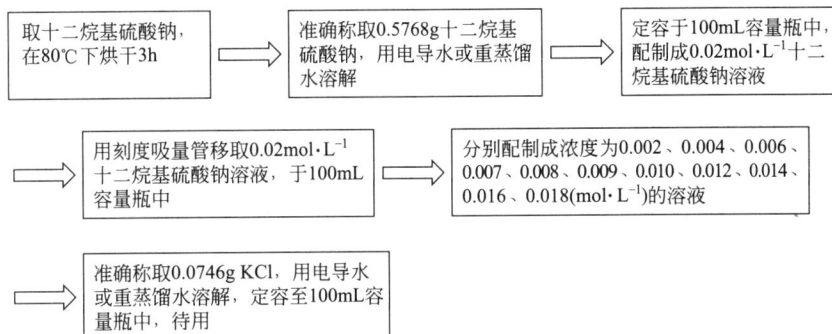

取十二烷基硫酸钠，在80℃下烘干3h ⇒ 准确称取0.5768g十二烷基硫酸钠，用电导水或重蒸馏水溶解 ⇒ 定容于100mL容量瓶中，配制成0.02mol·L⁻¹十二烷基硫酸钠溶液

⇒ 用刻度吸量管移取0.02mol·L⁻¹十二烷基硫酸钠溶液，于100mL容量瓶中 ⇒ 分别配制成浓度为0.002、0.004、0.006、0.007、0.008、0.009、0.010、0.012、0.014、0.016、0.018(mol·L⁻¹)的溶液

⇒ 准确称取0.0746g KCl，用电导水或重蒸馏水溶解，定容至100mL容量瓶中，待用

3. 电导电极常数的测定

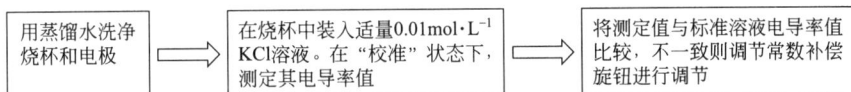

用蒸馏水洗净烧杯和电极 ⇒ 在烧杯中装入适量0.01mol·L⁻¹ KCl溶液。在"校准"状态下，测定其电导率值 ⇒ 将测定值与标准溶液电导率值比较，不一致则调节常数补偿旋钮进行调节

4. 电导率的测定

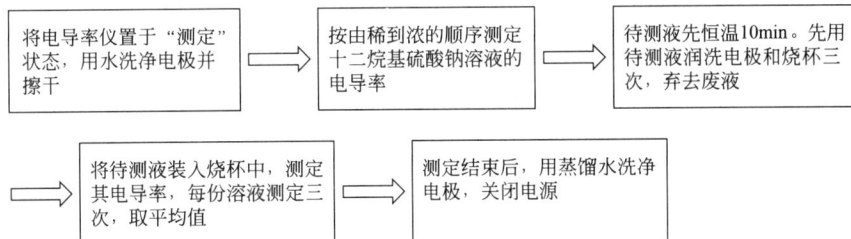

将电导率仪置于"测定"状态，用水洗净电极并擦干 ⇒ 按由稀到浓的顺序测定十二烷基硫酸钠溶液的电导率 ⇒ 待测液先恒温10min。先用待测液润洗电极和烧杯三次，弃去废液

⇒ 将待测液装入烧杯中，测定其电导率，每份溶液测定三次，取平均值 ⇒ 测定结束后，用蒸馏水洗净电极，关闭电源

五、数据记录与处理

1. 数据记录

实验温度：_____   电导电极常数：_____

数据记录表：

浓度 c /mol·L^{-1}	$\sqrt{c}$	κ_1	κ_2	κ_3	κ 平均值
0.002					
0.004					
0.006					
0.007					
0.008					
0.009					
0.010					
0.012					
0.014					
0.016					
0.018					
0.020					

2. 数据处理

（1）计算 $\sqrt{c}$ 和 Λ_m，填入下表。

浓度 c /mol·L^{-1}	0.002	0.004	0.006	0.007	0.008	0.009	0.010	0.012	0.014	0.016	0.018	0.020
$\sqrt{c}$												
Λ_m												

（2）将 Λ_m 对 $\sqrt{c}$ 作图，用直线外推法，得到 Λ_m^{∞}。将 Λ_m 对 c 作图，与 Λ_m 对 $\sqrt{c}$ 两曲线延长线相交，从图中转折点（相交点）找到临界胶束浓度 CMC。

六、问题思索

1. 采用电导法测定时，影响临界胶束浓度的因素有哪些？
2. 若要知道所测的临界胶束浓度是否正确，可用什么方法检验？
3. 非离子型表面活性剂能否用电导法测定临界胶束浓度？为什么？

七、注意事项

1. 溶液配制时要保证表面活性剂完全溶解，以免影响测定。
2. 电导率随温度变化而改变，测定时应保证待测液一直处于恒温状态。
3. 测定应当按照浓度由低到高的顺序进行。
4. 电极在冲洗后必须擦干，以保证溶液浓度的准确性。测量时搅拌速度不宜过快，以免损坏电极。

（本实训项目编写人：刘悦）

实训三十五　硫酸链霉素水溶液的稳定性及有效期预测

一、实训目标

知识目标：

1. 了解药物水解反应的特征。

2. 掌握物理化学法测定硫酸链霉素水解反应的速率常数、有效期的方法。

3. 了解药物有效期的意义和预测方法。

能力目标：

1. 掌握用分光光度法测定硫酸链霉素水溶液的反应速率常数。

2. 了解分光光度计的基本工作原理，掌握分光光度计的正确使用方法。

3. 掌握药物有效期测定的方法。

二、实训原理

硫酸链霉素是氨基糖苷类抗生素，以链霉胍和链霉双糖胺相联结的苷键易水解断裂。硫酸链霉素水溶液在 pH 值为 4.0～4.5 时最稳定，在碱性环境下水解，生成麦芽酚，麦芽酚在酸性条件下与三价铁离子反应生成稳定的紫红色螯合物，利用这一特性，运用比色法测定其在 520nm 处的吸光度，进而检测硫酸链霉素水解程度。硫酸链霉素水解属于假一级反应，符合一级反应动力学方程：

$$\ln \frac{c_0}{c} = kt$$

式中　c——时间 t 时硫酸链霉素的浓度；

　　　c_0——时间 t_0 时硫酸链霉素的浓度；

　　　k——水解反应速率常数。

用 x 表示水解的硫酸链霉素浓度，则有：

$$\ln \frac{c_0 - x}{c} = -kt$$

通过比色法测定 520nm 处吸光度的变化，用吸光度代替浓度的变化，则有：

$$\ln \frac{A_\infty - A_t}{A_\infty} = -kt$$

式中　A_∞——硫酸链霉素完全水解时的吸光度；

　　　A_t——时间 t 时硫酸链霉素水解的吸光度。

由此可测定反应速率常数 k。由不同温度下的 k，根据 Arrhenius 公式：

$$\ln k = -\frac{E_a}{RT} + c$$

以 $\ln k$ 对 $\frac{1}{T}$ 作图，将所得直线外推，在 $\frac{1}{298} = 3.36 \times 10^{-3}$ 处即可得到 25℃ 时的 k 值，进而计算室温（25℃）时的有效期：

$$t_{0.9}^{25℃} = \frac{0.106}{k_{25℃}}$$

三、仪器和试剂

仪器：紫外-可见分光光度计，超级恒温槽，水浴锅，磨口锥形瓶（100mL、50mL），刻度吸量管，秒表，量筒。

试剂：0.4%硫酸链霉素水溶液，硫酸溶液（1.12～1.18mol·L^{-1}），NaOH溶液（2.0mol·L^{-1}），0.5mol·L^{-1}铁试剂。

四、实训步骤

1. 硫酸链霉素反应液的配制

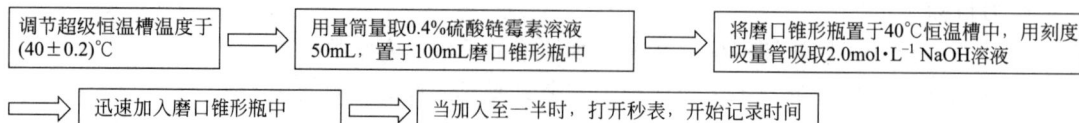

调节超级恒温槽温度于(40±0.2)℃ ⟹ 用量筒量取0.4%硫酸链霉素溶液50mL，置于100mL磨口锥形瓶中 ⟹ 将磨口锥形瓶置于40℃恒温槽中，用刻度吸量管吸取2.0mol·L^{-1} NaOH溶液

⟹ 迅速加入磨口锥形瓶中 ⟹ 当加入至一半时，打开秒表，开始记录时间

2. 吸光度 A 和 A$_\infty$ 的测定

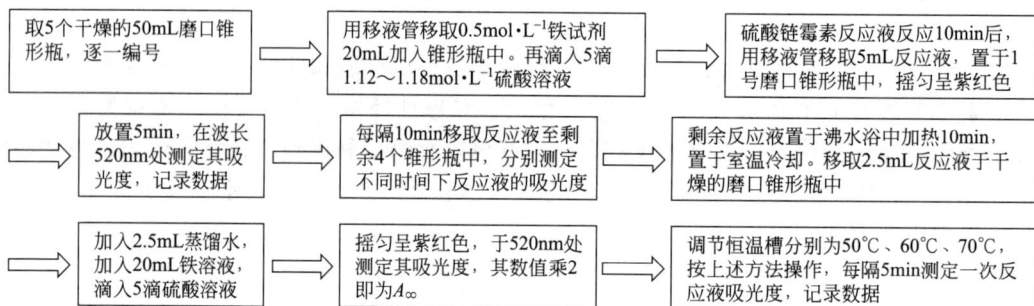

取5个干燥的50mL磨口锥形瓶，逐一编号 ⟹ 用移液管移取0.5mol·L^{-1}铁试剂20mL加入锥形瓶中。再滴入5滴1.12～1.18mol·L^{-1}硫酸溶液 ⟹ 硫酸链霉素反应液反应10min后，用移液管移取5mL反应液，置于1号磨口锥形瓶中，摇匀呈紫红色

⟹ 放置5min，在波长520nm处测定其吸光度，记录数据 ⟹ 每隔10min移取反应液至剩余4个锥形瓶中，分别测定不同时间下反应液的吸光度 ⟹ 剩余反应液置于沸水浴中加热10min，置于室温冷却。移取2.5mL反应液于干燥的磨口锥形瓶中

⟹ 加入2.5mL蒸馏水，加入20mL铁溶液，滴入5滴硫酸溶液 ⟹ 摇匀呈紫红色，于520nm处测定其吸光度，其数值乘2即为A$_\infty$ ⟹ 调节恒温槽分别为50℃、60℃、70℃，按上述方法操作，每隔5min测定一次反应液吸光度，记录数据

五、数据记录与处理

1. 数据记录

恒温槽温度 _____ ℃　　　A$_\infty$ = _____

t/min	10	20	30	40	50
A_t					
$A_\infty - A_t$					
$\ln \dfrac{A_\infty - A_t}{A_\infty}$					

2. 数据处理

（1）计算 $\ln \dfrac{A_\infty - A_t}{A_\infty}$ 填入上表，以 $\ln \dfrac{A_\infty - A_t}{A_\infty}$ 对 t 作图，求出不同温度下的 k 值，填入下表。

T/℃	40	50	60	70
$1/T$				
k				
$\ln k$				

（2）以 $\ln k$ 对 $\dfrac{1}{T}$ 作图，将得到的直线外推得到 $25\,℃$ 时 k 值，并计算室温时硫酸链霉素的有效期。

六、问题思索

1. 影响反应速率常数测定的主要因素有什么？
2. 取样分析时，为什么要先加入铁溶液和硫酸溶液，再对反应进行比色分析？

七、注意事项

使用磨口锥形瓶时必须保证瓶内干燥。不干燥的锥形瓶会影响溶液的浓度，使测量产生误差，从而影响速率常数的测定。

（本实训项目编写人：刘悦）

模块六　综合性及设计性实训

综合性及设计性实训是在学生学习和掌握了实训化学基本知识、基本理论、基本方法和基本实训操作技能的基础上，为培养和提高学生查阅文献能力、独立思维能力、独立实训能力和解决问题能力而设置的。综合性及设计性实训的具体步骤如下：

①　学生通过查阅有关资料，对实训题目的内容、研究方法、仪器药品等认真调查研究。

②　结合资料和实训室条件（仪器、设备、药品等）选择合理的实训方法和检测手段，运用所学知识设计合理的实训方案并提交教师审查，经指导教师审阅同意后方可进行实训。

③　实训方案应包括实训目的、方法原理、仪器、试剂（规格、用量及配制方法）、实训步骤（详细的操作过程、试样取样、试样用量、数据记录表格和计算公式）、操作注意事项等。

④　学生在实训过程中操作要规范，应仔细观察实训现象，认真记录实训数据。遇到问题，首先要查阅资料，同学之间进行讨论并尝试自行解决，无法解决时再请指导教师协助解决。

⑤　实训结果要经指导教师审阅合格后，方可结束实训，退还仪器、药品等实训用品，整理好实训室。

⑥　总结自己设计方案的优缺点，提出改进意见，并写出实训报告或研究报告。

实训三十六　含锌药物的制备及其含量测定（综合性实训）

一、实训目标

知识目标：

1. 了解含锌药物的制备。
2. 熟悉含锌药物含量的测定。
3. 掌握过滤、蒸发、结晶、滴定等基本操作。

能力目标：

1. 能够准确判断滴定终点，进行滴定操作。
2. 能够熟练进行过滤、蒸发、结晶、灼烧、滴定等基本操作。

二、实训原理

$ZnSO_4 \cdot 7H_2O$ 是无色透明、结晶性粉末。$ZnSO_4 \cdot 7H_2O$ 在医学上内服作催吐剂；外用可配制滴眼液（0.1%～1%），利用其收敛性可防治沙眼；在制药工业中，是制备其他含锌药物的原料。

1. $ZnSO_4 \cdot 7H_2O$ 的制备原理

工业中用闪锌矿为原料，在空气中煅烧氧化制备硫酸锌，然后用热水提取而得；在制药工业中由粗 ZnO（或闪锌矿焙烧的矿粉）与 H_2SO_4 作用制得：

$$ZnO + H_2SO_4 \Longrightarrow ZnSO_4 + H_2O$$

但此方法制得的硫酸锌溶液中含有 Fe^{2+}、Mn^{2+}、Cd^{2+}、Ni^{2+} 等杂质，需预先除去。除杂后，硫酸锌溶液经浓缩、结晶可得 $ZnSO_4 \cdot 7H_2O$ 晶体，可作药用。

（1）$KMnO_4$ 氧化除去 Fe^{2+}、Mn^{2+}

$$MnO_4^- + 3Fe^{2+} + 7H_2O \Longrightarrow 3Fe(OH)_3 \downarrow + MnO_2 \downarrow + 5H^+$$

$$2MnO_4^- + 3Mn^{2+} + 2H_2O \Longrightarrow 5MnO_2 \downarrow + 4H^+$$

（2）Zn 粉置换除去 Cd^{2+}、Ni^{2+}

$$CdSO_4 + Zn \Longrightarrow ZnSO_4 + Cd$$

$$NiSO_4 + Zn \Longrightarrow ZnSO_4 + Ni$$

2. $ZnSO_4 \cdot 7H_2O$ 含量的测定原理

$ZnSO_4 \cdot 7H_2O$ 含量可用 EDTA 滴定法来测定。测定时，加入 $NH_3 \cdot H_2O\text{-}NH_4Cl$ 缓冲溶液调节 pH 值 $=10$，以铬黑 T 为指示剂，用 EDTA 标准溶液滴定 Zn^{2+}。其反应式如下：

滴定前：$\qquad Zn^{2+} + HIn^{2-} \Longrightarrow ZnIn^- + H^+$

$\qquad\qquad\qquad\qquad$ 纯蓝色 $\qquad$ 紫红色

滴定时：$\qquad Zn^{2+} + H_2Y^{2-} \Longrightarrow ZnY^{2-} + 2H^+$

终点时：$\qquad ZnIn^- + H_2Y^{2-} \Longrightarrow ZnY^{2-} + HIn^{2-} + H^+$

$\qquad\qquad\quad$ 紫红色 $\qquad\qquad\qquad\qquad$ 纯蓝色

$$w(ZnSO_4 \cdot 7H_2O) = \frac{c(EDTA) \times V(EDTA) \times M(ZnSO_4 \cdot 7H_2O) \times 10^{-3}}{\dfrac{25.00}{250.0} \times m(试样)} \times 100\%$$

三、仪器和试剂

仪器：烧杯（100mL、400mL 各两个），容量瓶（250mL），锥形瓶（250mL），移液管（25mL），酸式滴定管（25mL），胶头滴管，量筒（10mL、50mL 各一个），托盘天平，电子天平，减压过滤装置，蒸发浓缩装置，中速滤纸（9cm），pH 试纸，点滴板，蒸发皿等。

试剂：粗 ZnO（工业级），纯 Zn 粉，镉试剂（$0.2g \cdot L^{-1}$），丁二酮肟试剂，铬黑 T 指示剂（S），KOH 溶液（$2mol \cdot L^{-1}$），H_2SO_4 溶液（$3mol \cdot L^{-1}$），氨水（1+1），$KMnO_4$ 溶液（$0.5mol \cdot L^{-1}$），EDTA 标准溶液（$0.01mol \cdot L^{-1}$，已标定），$NH_3 \cdot H_2O\text{-}NH_4Cl$ 缓冲溶液（pH $=10$），氨水（1:1）。

四、实训步骤

1. $ZnSO_4 \cdot 7H_2O$ 的制备

（1）$ZnSO_4$ 溶液的制备

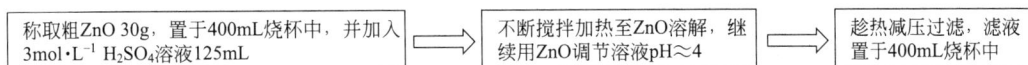

称取粗 ZnO 30g，置于 400mL 烧杯中，并加入 $3mol \cdot L^{-1}$ H_2SO_4 溶液 125mL $\Rightarrow$ 不断搅拌加热至 ZnO 溶解，继续用 ZnO 调节溶液 pH≈4 $\Rightarrow$ 趁热减压过滤，滤液置于 400mL 烧杯中

（2）除去 Fe^{2+}、Mn^{2+} 杂质

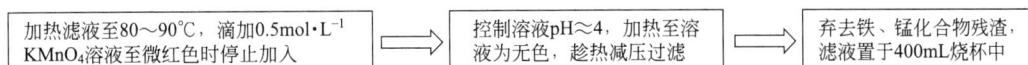

加热滤液至 80～90℃，滴加 $0.5mol \cdot L^{-1}$ $KMnO_4$ 溶液至微红色时停止加入 $\Rightarrow$ 控制溶液 pH≈4，加热至溶液为无色，趁热减压过滤 $\Rightarrow$ 弃去铁、锰化合物残渣，滤液置于 400mL 烧杯中

（3）置换除去 Cd^{2+}、Ni^{2+} 杂质

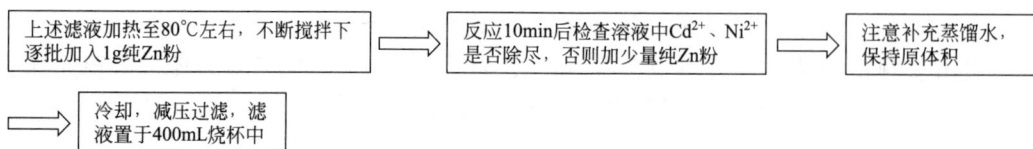

（4）Cd^{2+} 的检查

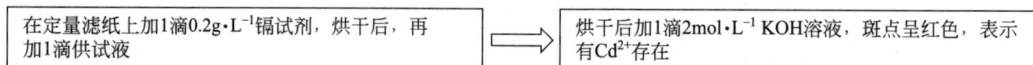

（5）Ni^{2+} 的检查

（6）$ZnSO_4 \cdot 7H_2O$ 结晶

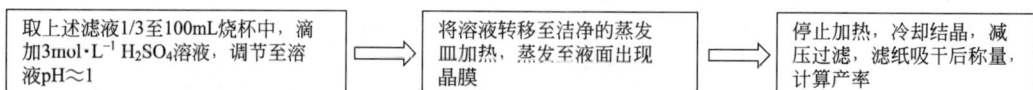

2. $ZnSO_4 \cdot 7H_2O$ 含量测定和计算

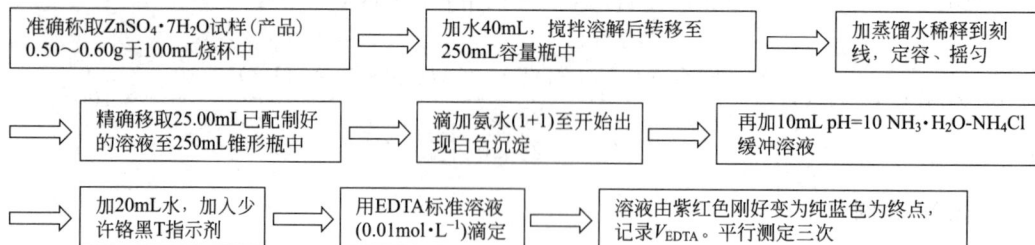

五、数据记录与处理

1. 产品外观：_____ 质量：_____ 产率：_____

2. $ZnSO_4 \cdot 7H_2O$ 含量测定

测定序号	1	2	3
（试样质量+瓶)初重/g			
（试样质量+瓶)末重/g			
m(试样)/g			
V(EDTA)初读数/mL			
V(EDTA)终读数/mL			
V(EDTA)/mL			
$w(ZnSO_4 \cdot 7H_2O)/\%$			
平均值 $\overline{w}(ZnSO_4 \cdot 7H_2O)/\%$			
相对平均偏差/%			

六、问题思索

1. 在精制 $ZnSO_4$ 溶液时，为什么要用 $KMnO_4$ 氧化 Fe^{2+}？可用其他氧化剂代替吗？

2. 如何检查溶液中 Cd^{2+}、Ni^{2+} 是否除尽？

七、注意事项

除 Fe^{2+}、Mn^{2+} 杂质时，要控制 $pH \approx 4$。

（本实训项目编写人：戴静波）

实训三十七　氯化钠的提纯（综合性实训）

一、实训目标

知识目标：

1. 掌握提纯氯化钠的原理和方法。
2. 熟悉试剂取用、溶解、减压过滤、蒸发浓缩、结晶和烘干等基本操作。
3. 了解 Ca^{2+}、Mg^{2+}、SO_4^{2-} 等离子的定性鉴定。

能力目标：

1. 能够学会用化学方法提纯粗食盐。
2. 能够定性检验食盐中的 Ca^{2+}、Mg^{2+}、SO_4^{2-}。

二、实训原理

粗食盐含有少量泥沙等不溶性杂质及 K^+、Ca^{2+}、Mg^{2+}、Fe^{3+}、SO_4^{2-}、CO_3^{2-}、Br^-、I^-、NO_3^- 等可溶性杂质离子。通过溶解、过滤，除去泥沙等不溶性杂质。可溶性杂质则通过加沉淀剂使 Ca^{2+}、Mg^{2+}、SO_4^{2-} 等杂质转化为难溶沉淀物，过滤除去。

（1）加 $BaCl_2$，除 SO_4^{2-}

$$Ba^{2+} + SO_4^{2-} =\!\!=\!\!= BaSO_4\downarrow$$

（2）加 $NaOH$、Na_2CO_3，除 Mg^{2+}、Ca^{2+}、Fe^{3+} 和过量的 Ba^{2+}

$$2Mg^{2+} + 2OH^- + CO_3^{2-} =\!\!=\!\!= Mg_2(OH)_2CO_3\downarrow$$

$$Ca^{2+} + CO_3^{2-} =\!\!=\!\!= CaCO_3\downarrow$$

$$Fe^{3+} + 3OH^- =\!\!=\!\!= Fe(OH)_3\downarrow$$

$$2Fe^{3+} + 3CO_3^{2-} + 3H_2O =\!\!=\!\!= 2Fe(OH)_3\downarrow + 3CO_2\uparrow$$

$$Ba^{2+} + CO_3^{2-} =\!\!=\!\!= BaCO_3\downarrow$$

（3）加 HCl，除过量 OH^-、CO_3^{2-}

$$OH^- + H^+ =\!\!=\!\!= H_2O$$

$$CO_3^{2-} + 2H^+ =\!\!=\!\!= CO_2\uparrow + H_2O$$

可溶性杂质如 K^+、Br^-、I^-、NO_3^- 等，在滤液蒸发浓缩过程中留在母液中与 $NaCl$ 晶体分离。

三、仪器和试剂

仪器：电子天平（0.1g），烧杯（100mL、200mL），试管，量筒，玻璃棒，电炉，洗瓶，点滴板，石棉网，漏斗，布氏漏斗，抽滤瓶，蒸发皿，铁架台，铁夹，铁圈，药匙，镊子，真空泵，滤纸（中速 9cm、11cm），pH 试纸，称量纸等。

试剂：NaOH 溶液（2mol·L^{-1}、6mol·L^{-1}），HCl 溶液（2mol·L^{-1}、6mol·L^{-1}），BaCl$_2$ 溶液（1mol·L^{-1}），HAc 溶液（1mol·L^{-1}），95% 乙醇，粗食盐，饱和碳酸钠溶液，草酸铵（饱和），镁试剂Ⅰ（对硝基偶氮间苯二酚）。

四、实训步骤

1. 粗食盐的提纯
（1）称量、溶解

（2）检查 SO$_4^{2-}$ 是否除尽

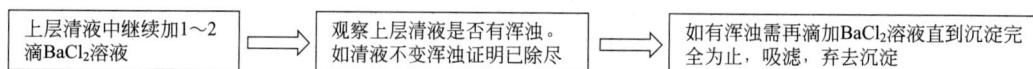

（3）除 Mg^{2+}、Ca^{2+}、Fe^{3+} 和过量的 Ba^{2+} 等阳离子

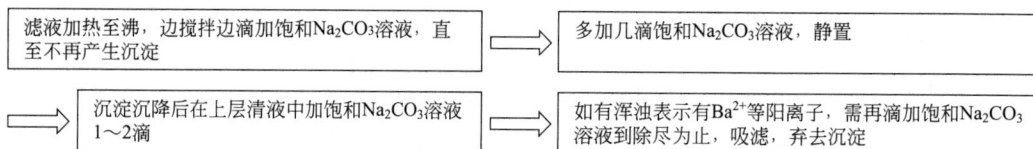

（4）检查 Ba^{2+}

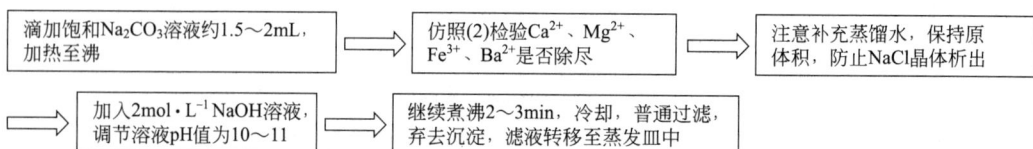

（5）中和、蒸发和浓缩

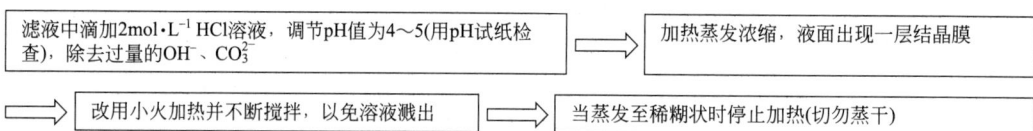

（6）减压过滤、干燥

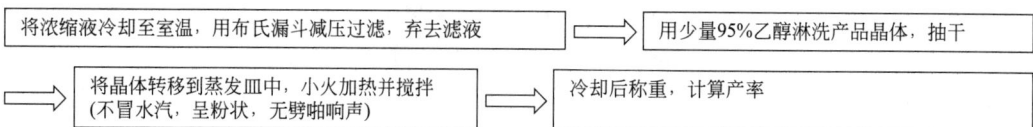

2. 产品纯度的检验
取产品和原料各 1g，分别溶于 5mL 蒸馏水中，进行下列离子的定性检验。
（1）SO$_4^{2-}$

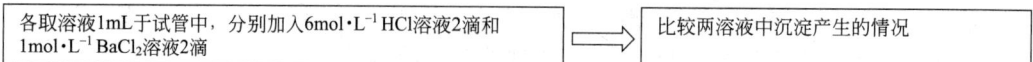

（2）Ca^{2+}

| 各取溶液1mL于试管中，分别加入2mol·L^{-1} HAc溶液呈酸性，再分别加入饱和草酸铵试剂3～4滴 | ⟹ | 若有白色沉淀CaC_2O_4产生，表示Ca^{2+}存在。比较两溶液中沉淀产生的情况 |

（3）Mg^{2+}

| 各取溶液1mL于试管中，分别加入5滴6mol·L^{-1} NaOH溶液和2滴镁试剂I | ⟹ | 若有天蓝色沉淀产生，表示Mg^{2+}存在。比较两溶液中沉淀产生的情况 |

五、数据记录与处理

1. 产品外观：_____ 产品质量/g：_____ 产率/%：_____

2. 产品纯度检验表

检验项目			
检验方法			
产品			
粗食盐			

六、问题思索

1. 在除去 Ca^{2+}、Mg^{2+}、SO_4^{2-} 时，为什么要先加 $BaCl_2$ 溶液，然后再加 Na_2CO_3 溶液，最后再加 HCl 溶液呢？能否改变试剂加入的先后次序？

2. 为什么在溶液中加入沉淀剂（$BaCl_2$ 或 Na_2CO_3）后，要将溶液加热至沸？

3. 蒸发前为什么要用盐酸将溶液的 pH 值调节为 4～5？

4. 蒸发时为什么不可将溶液蒸干？

七、注意事项

1. 检查 Ba^{2+} 是否除尽时，将 $BaCl_2$ 溶液沿烧杯壁加入，眼睛从侧面观看。

2. 用检验 SO_4^{2-} 是否除尽的方法检验 Ca^{2+}、Mg^{2+}、Fe^{2+}、Ba^{2+} 沉淀是否完全。

3. 减压过滤时，布氏漏斗管下方的斜口要对着吸滤瓶的支管口；先接橡皮管，再开水泵，然后转入固液混合物；停止抽滤时，需先拔掉连接橡皮管，再关水泵，以防反吸。

4. 蒸发皿可直接加热，不能骤冷。装入溶液体积少于其容积的 2/3。加热蒸发浓缩至液面出现一层结晶膜时，改用小火加热，并不断搅拌，以免溶液溅出。当蒸发至糊状稠液时，停止加热（切勿蒸干）。否则易带入 K^+（KCl 溶解度大，浓度低，应留在母液中）。

（本实训项目编写人：戴静波）

实训三十八 NaAc 含量的测定（离子交换-酸碱滴定法）（综合性实训）

一、实训目标

知识目标：

1. 熟悉移液管和滴定管的使用。

2. 掌握离子交换法测定乙酸钠的原理和方法。

能力目标：

1. 学会离子交换中的装柱、上样和洗脱等基本操作。

2. 学会树脂的预处理、再生操作等方法。

二、实训原理

离子交换法是利用离子交换剂与溶液中的离子发生交换反应而使离子分离的方法。离子交换剂的种类很多，主要分为有机离子交换剂和无机离子交换剂两大类。离子交换树脂为有机离子交换剂，是一种交联的高分子聚合物。常用的离子交换树脂是苯乙烯或二乙烯苯的高分子聚合物，由网状结构的骨架和活性基团所组成。根据离子交换树脂中活性基团不同，可分为阳离子交换树脂和阴离子交换树脂等。树脂呈现多孔状或颗粒状，其大小为 $0.5 \sim 1.0 \text{mm}$。阳离子交换树脂的离子交换能力依其交换能力特征可分为：

1. 强酸型阳离子交换树脂：主要含有强酸性的反应基如磺酸基（$-SO_3H$），此离子交换树脂可以交换所有的阳离子。

2. 弱酸型阳离子交换树脂：具有较弱的反应基如羧基（$-COOH$），此离子交换树脂仅可交换弱碱中的阳离子如 Ca^{2+}、Mg^{2+}，对于强碱中的离子如 Na^+、K^+ 等无法进行交换。

乙酸钠（$K_a = 1.8 \times 10^{-5}$）在水溶液中碱性太弱，不能用酸碱滴定法直接滴定。本实训利用强酸型阳离子交换树脂（$R-SO_3H$）与乙酸钠进行交换反应，溶液中 Na^+ 进入树脂网状结构中，树脂由 H 型转换为 Na 型，树脂中 H^+ 经交换后进入溶液，生成乙酸。经洗脱收集，可在水溶液中进行酸碱滴定。以酚酞为指示剂，用 NaOH 标准溶液滴定乙酸。反应过程如下：

$$R-SO_3H + NaAc \rightleftharpoons R-SO_3Na + HAc$$
$$HAc + NaOH \Longrightarrow NaAc + H_2O$$

乙酸钠含量按下列公式计算：

$$\rho(NaAc) = \frac{c(NaOH) \times V(NaOH) \times 82.03}{10.00} \times 1000 (\text{mg} \cdot \text{L}^{-1})$$

三、仪器和试剂

仪器：碱式滴定管（25mL），锥形瓶（250mL），烧杯（50mL），移液管（10mL），脱脂棉（或玻璃纤维），交换柱，732 型阳离子交换树脂。

试剂：NaOH 标准溶液（$0.1 \text{mol} \cdot \text{L}^{-1}$，已标定），酚酞指示剂，甲基红指示剂，NaAc 样品溶液（约 $0.1 \text{mol} \cdot \text{L}^{-1}$），HCl 溶液（$2 \text{mol} \cdot \text{L}^{-1}$）。

四、实训步骤

1. 乙酸钠含量测定

（1）装柱

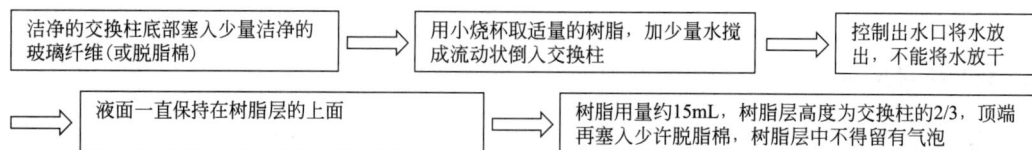

（2）交换

| 精确移取10.00mL NaAc样品溶液，直接沿交换柱壁缓缓加入 | ⟹ | 开启活塞，控制流速约为1～2mL·min⁻¹(约每两秒1滴) |

⟹ | 样品溶液全部进入树脂后，再加蒸馏水淋洗并用250mL锥形瓶收集 | ⟹ | 加蒸馏水淋洗时，开始速度要慢，等收集100mL左右时，速度可加快 |

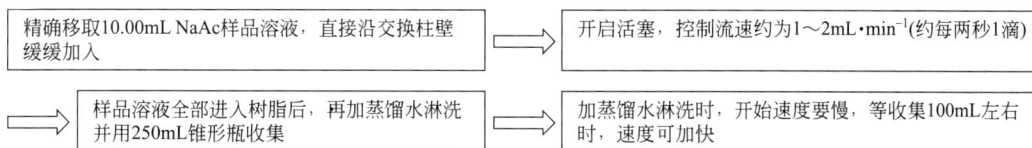

（3）检查是否淋洗干净

| 锥形瓶收集洗液达200mL后，再用一小烧杯收集洗液50mL | ⟹ | 检查是否淋洗干净(用甲基红指示剂检查) |

（4）含量测定

| 若淋洗干净，在锥形瓶中加酚酞指示剂4滴 | ⟹ | 用NaOH标准溶液滴定至淡红色，记录消耗NaOH标准溶液体积 |

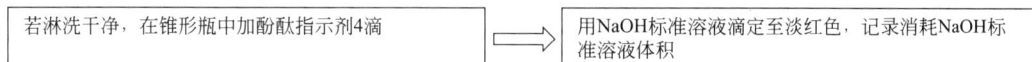

2. 阳离子交换树脂的预处理和再生

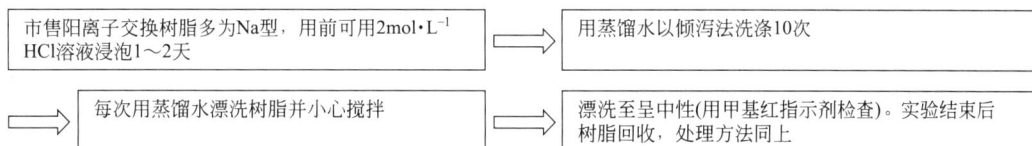

| 市售阳离子交换树脂多为Na型，用前可用2mol·L⁻¹ HCl溶液浸泡1～2天 | ⟹ | 用蒸馏水以倾泻法洗涤10次 |

⟹ | 每次用蒸馏水漂洗树脂并小心搅拌 | ⟹ | 漂洗至呈中性(用甲基红指示剂检查)。实验结束后树脂回收，处理方法同上 |

五、数据记录与处理

测定序号	1	2	3
$c(NaOH)/mol \cdot L^{-1}$			
$V(NaOH)$初读数/mL			
$V(NaOH)$终读数/mL			
$V(NaOH)/mL$			
$\rho(NaAc)/mg \cdot L^{-1}$			
平均值$\bar{\rho}(NaAc)/mg \cdot L^{-1}$			
相对平均偏差/%			

六、问题思索

1. 树脂层若混有空气，对测定的结果有何影响？操作时应如何防止树脂层混入空气？若混入了空气应如何处理？

2. 为什么要控制流出液流速？

3. NaAc能否用其他方法测定？

七、注意事项

1. 树脂需用水洗净残余的酸（包括装柱前、样品进柱后）。

2. 交换柱顶部塞入的脱脂棉不能太多，也不能压太紧，以免影响流速。树脂连同水一起装入交换柱，可装得较均匀并能赶除气泡。

3. 在整个交换实验中，水层始终高于树脂层，树脂层中不得留有气泡，否则必须重装或用长玻璃棒插入树脂层中轻轻上下移动驱赶气泡。

4. 待样品溶液刚好全部进入树脂后再用蒸馏水淋洗，开始速度要慢，淋洗 2～3 遍后，可加快流速，但不可过快。

5. 检查是否淋洗干净，还可以用甲基红指示剂检查。

6. 实验结束后可将树脂倒出回收，再生使用。

（本实训项目编写人：戴静波）

实训三十九 混合碱中碳酸氢钠和碳酸钠含量的测定（综合性实训）

一、实训目标

知识目标：

1. 掌握用双指示剂法测定碳酸氢钠和碳酸钠混合液中各组分含量的原理和方法。
2. 了解滴定过程中 pH 的变化。
3. 掌握滴定操作。

能力目标：

1. 能够用双指示剂法测定碳酸氢钠和碳酸钠中各组分含量。
2. 学会酸碱滴定法在混合碱含量测定中的应用。

二、实训原理

混合碱通常是 Na_2CO_3 与 NaOH 或 Na_2CO_3 与 $NaHCO_3$ 的混合物，可用双指示剂法测定其各组分含量。

试样若为 Na_2CO_3 与 $NaHCO_3$ 混合物，先加酚酞为指示剂，以 HCl 标准溶液滴定至无色时，Na_2CO_3 被滴定生成 $NaHCO_3$，即 Na_2CO_3 被中和一半，其反应为：

$$Na_2CO_3 + HCl = NaHCO_3 + NaCl$$

再加溴甲酚绿-二甲基黄指示剂，继续用盐酸滴定，滴定至溶液由绿色到亮黄色，反应为：

$$NaHCO_3 + HCl = NaCl + CO_2 \uparrow + H_2O$$

假定用酚酞作指示剂时，所消耗 HCl 标准溶液体积为 V_1（mL）。再用溴甲酚绿-二甲基黄指示剂作指示剂时，所消耗 HCl 标准溶液的体积为 V_2。

$NaHCO_3$ 与 Na_2CO_3 的含量可由下式计算：

$$w(NaHCO_3) = \frac{c(HCl) \times (V_2 - V_1) \times M(NaHCO_3) \times 10^{-3}}{m_s} \times 100\%$$

$$w(Na_2CO_3) = \frac{c(HCl) \times V_1 \times M(Na_2CO_3) \times 10^{-3}}{m_s} \times 100\%$$

式中，m_s 为混合碱试样质量（单位为 g）。

三、仪器和试剂

仪器：电子天平，酸式滴定管（25mL），移液管（25mL），锥形瓶（250mL）。

试剂：盐酸标准溶液（0.1mol·L^{-1}，已标定），酚酞指示剂，溴甲酚绿-二甲基黄指示剂，混合碱（S）。

四、实训步骤

准确称取0.15~2g混合碱(准确至0.1mg)三份	⟹	分别置于250mL锥形瓶中，各加50mL蒸馏水溶解	⟹	加1滴酚酞指示剂后溶液呈红色

⟹	用0.1mol·L^{-1} HCl标准溶液滴定至无色，记下V_1(mL)	⟹	第一终点到达后再加9滴溴甲酚绿-二甲基黄指示剂

⟹	继续用0.1mol·L^{-1} HCl标准溶液滴定至由绿色到亮黄色	⟹	记下HCl标准溶液用量V_2(mL)，分别计算Na_2CO_3与$NaHCO_3$的含量

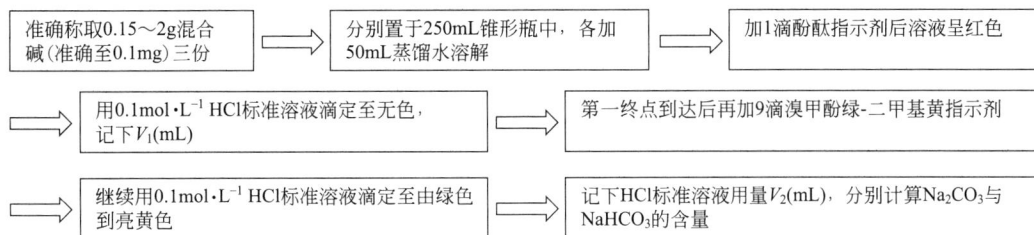

五、数据记录与处理

测定序号		1	2	3
(试样质量＋瓶)初质量/g				
(试样质量＋瓶)末质量/g				
m(试样)/g				
第一终点(酚酞指示剂变色)	HCl 初读数/mL			
	第一终点读数/mL			
	V_1(HCl)/mL			
第二终点(溴甲酚绿-二甲基黄指示剂变色)	HCl 第一终点读数/mL			
	第二终点读数/mL			
	V_2(HCl)/mL			
$w(NaHCO_3)$/%				
平均值 $\overline{w}(NaHCO_3)$/%				
相对平均偏差/%				
$w(Na_2CO_3)$/%				
平均值 $\overline{w}(Na_2CO_3)$/%				
相对平均偏差/%				

六、问题思索

1. 实验中用酚酞作指示剂时，所消耗的 HCl 标准溶液体积比用溴甲酚绿-二甲基黄作指示剂所消耗的 HCl 标准溶液体积少，为什么？

2. 同样的方法能用于测定 Na_2HPO_4 和 NaH_2PO_4 等混合碱吗？

七、注意事项

1. 实验中要使用新煮沸放冷的蒸馏水。

2. 测定某一批烧碱或混合碱样品时，若出现 $V_1 < V_2$、$V_1 = V_2$、$V_1 > V_2$、$V_1 = 0$、$V_2 = 0$ 五种情况，说明各样品的组成有什么差别。

3. 在滴定时，酸要逐滴地加入，并不断摇动溶液以防形成 CO_2 的过饱和溶液而使终点提前。

(本实训项目编写人：戴静波)

一、实训目标

知识目标：

1. 掌握苯妥英钠的实验室制备原理及操作方法。
2. 掌握酸碱滴定分析法测定苯妥英钠含量的原理及操作方法。
3. 熟悉重结晶提纯固体有机化合物的原理和方法。
4. 了解反应过程中的机理。

能力目标：

1. 能正确制备苯妥英钠。
2. 能熟练测定苯妥英钠的含量。
3. 能正确进行重结晶操作。

二、实训原理

苯妥英钠主要适用于治疗复杂部分性癫痫发作（颞叶癫痫、精神运动性发作）、单纯部分性发作（局限性发作）、全身强直阵挛性发作和癫痫持续状态。治疗三叉神经痛和坐骨神经痛、发作性舞蹈手足徐动症、发作性控制障碍、肌强直及隐性营养不良性大疱性表皮松解。用于治疗室上性或室性期前收缩、室性心动过速，尤适用于强心苷中毒时的室性心动过速，室上性心动过速也可用。苯妥英钠在空气中渐渐吸收二氧化碳，分解成苯妥英，在水中易溶，水溶液显碱性，在三氯甲烷或乙醚中几乎不溶。

苯妥英钠化学结构式为：

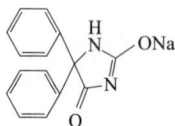

制备过程为：以安息香为原料，2-碘酰基苯甲酸作为氧化剂，N,N-二甲基酰胺（DMF）作为溶剂，经氧化得到二苯基乙二酮粗品。重结晶得到二苯基乙二酮，与尿素在乙醇溶液中分批加入氢氧化钠溶液进行反应，得到苯妥英钠，滴加盐酸，调节 pH 值至 5，得到苯妥英。加水，加热溶解，滴加 15% 氢氧化钠溶液至 pH 值为 11，加活性炭进行重结晶，得到苯妥英钠晶体。

反应方程式如下：

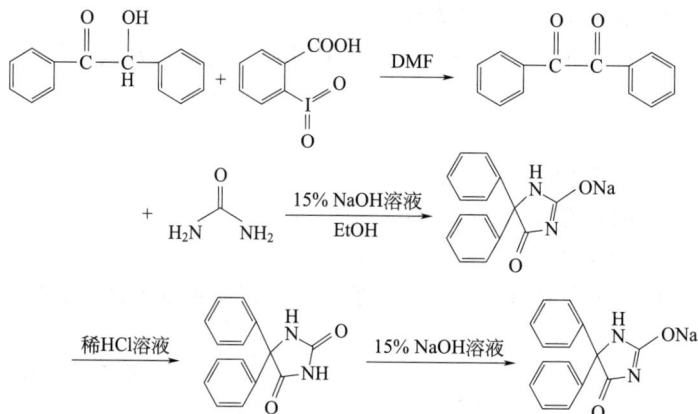

制备的产品可通过重结晶进行提纯。重结晶是提纯固体有机化合物常用的方法之一，固体有机化合物通常在溶剂中的溶解度随温度的升高而增加，所以将一个有机物溶解在某一溶剂中，在较高温度时制成饱和溶液，然后使其冷到温室或降至室温以下，即会有一部分结晶析出。常利用溶剂与被提纯物质和杂质的溶解度不同，使杂质全部或大部分留在溶液中，即可达到提纯的目的。

苯妥英钠为白色粉末，易溶于水，其水溶液呈碱性，常因部分水解显浑浊而加入乙酸乙酯。测定苯妥英钠含量可用酸碱滴定法，用盐酸作标准溶液、溴酚蓝作指示剂，滴定生成苯妥英，大部分转移至乙酸乙酯层，水层显浅绿色即为滴定终点。溴酚蓝指示剂变色范围为 $pH = 3.0 \sim 4.6$，pH 值大于 4.6 时显蓝色，小于 3.0 时显黄色。

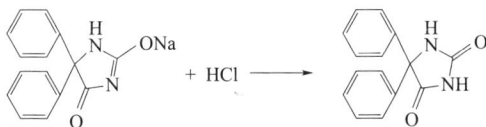

含量计算公式为：

$$w(样品) = \frac{c(HCl) \times [V(HCl) - V(空白)] \times 274.25}{m(苯妥英钠) \times 1000} \times 100\%$$

三、仪器和试剂

仪器：85-2 大功率恒温磁力搅拌器，电子天平，SHZ-D Ⅲ 循环水真空泵，红外干燥箱，暗箱式紫外分析仪，水浴锅，三颈烧瓶，磁子，球形冷凝管，温度计，量筒，表面皿，滴管，玻璃棒，烧杯，布氏漏斗，pH 试纸，抽滤瓶，毛细玻璃管，硅胶板，锥形瓶，铁架台，滴定管，药匙等。

试剂：安息香，2-碘酰基苯甲酸，N,N-二甲基甲酰胺，15％氢氧化钠溶液，尿素，95％乙醇，乙酸乙酯，溴酚蓝指示剂，盐酸（2mol·L^{-1}、0.1mol·L^{-1}），蒸馏水，活性炭。

四、实训步骤

1. 二苯基乙二酮的制备

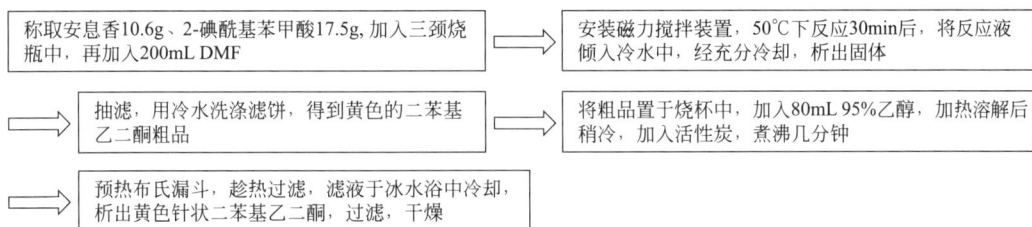

称取安息香10.6g、2-碘酰基苯甲酸17.5g, 加入三颈烧瓶中, 再加入200mL DMF	⟹	安装磁力搅拌装置, 50℃下反应30min后, 将反应液倾入冷水中, 经充分冷却, 析出固体
⟹ 抽滤, 用冷水洗涤滤饼, 得到黄色的二苯基乙二酮粗品	⟹	将粗品置于烧杯中, 加入80mL 95%乙醇, 加热溶解后稍冷, 加入活性炭, 煮沸几分钟
⟹ 预热布氏漏斗, 趁热过滤, 滤液于冰水浴中冷却, 析出黄色针状二苯基乙二酮, 过滤, 干燥		

2. 苯妥英的制备

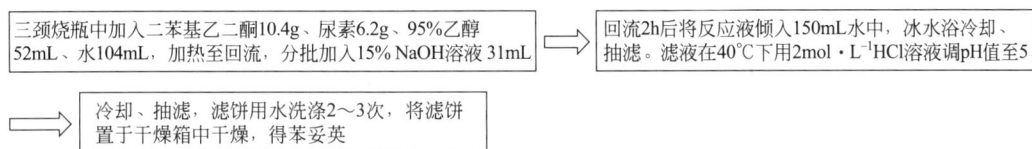

三颈烧瓶中加入二苯基乙二酮10.4g、尿素6.2g、95%乙醇52mL、水104mL, 加热至回流, 分批加入15% NaOH溶液 31mL	⟹	回流2h后将反应液倾入150mL水中, 冰水浴冷却、抽滤。滤液在40℃下用2mol·L^{-1}HCl溶液调pH值至5
⟹ 冷却、抽滤, 滤饼用水洗涤2~3次, 将滤饼置于干燥箱中干燥, 得苯妥英		

3. 苯妥英钠的制备

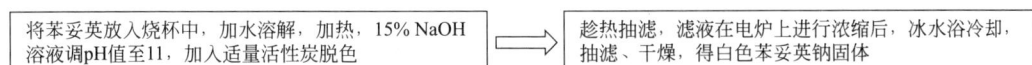

将苯妥英放入烧杯中, 加水溶解, 加热, 15% NaOH溶液调pH值至11, 加入适量活性炭脱色	⟹	趁热抽滤, 滤液在电炉上进行浓缩后, 冰水浴冷却、抽滤、干燥, 得白色苯妥英钠固体

4．苯妥英钠含量测定

| 精确称取苯妥英钠约0.3g，将其置于锥形瓶中，加入30mL蒸馏水，振摇使之完全溶解 | ⟶ | 加入30mL乙酸乙酯，振摇均匀。加入10滴溴酚蓝指示剂。用0.1mol·L⁻¹ HCl溶液滴定至水层显浅绿色 |

⟶ 记录消耗HCl溶液体积，平行三份。同时做空白试验

五、数据记录与处理

1．数据记录
合成数据表格：

试剂（或产品）	规格	质量（或体积）
安息香		
2-碘酰基苯甲酸		
N,N-二甲基甲酰胺		
尿素		
95％乙醇		
15％氢氧化钠溶液		
活性炭		
2mol·L⁻¹盐酸		
二苯基乙二酮		
苯妥英		
苯妥英钠		

滴定数据表格：

样品	1	2	3	空白
$m_{始}$/g				
$m_{回称}$/g				
$m_{实际}$/g				
$c(HCl)$/mol·L⁻¹				
$V(HCl)$初读数/mL				
$V(HCl)$终读数/mL				
$V(HCl)$/mL				
$w_{苯妥英钠}$/％				
$\overline{w}_{苯妥英钠}$/％				
相对平均偏差/％				

2．数据处理
计算二苯基乙二酮的质量，填入表中；

计算苯妥英的质量，填入表中；

计算苯妥英钠的质量，填入表中；

计算苯妥英钠的质量分数，填入表中；

计算苯妥英钠的平均质量分数，填入表中；

计算相对平均偏差，填入表中。

六、问题思索

1. 在苯妥英成盐反应过程时，如加入的 15％氢氧化钠溶液过量，对后续滴定实验结果有何影响？

2. 在滴定时若不做空白试验，对实验结果有何影响？

3. 进行安息香氧化时，除了使用 2-碘酰基苯甲酸为氧化剂外，还可使用哪些作为氧化剂？有何优缺点？

4. 滴定时，若苯妥英钠尚未完全溶解就加入了乙酸乙酯，对实验有何影响？

七、注意事项

1. 盐酸标准溶液用基准碳酸钠进行标定，甲基橙为指示剂。

2. 溴酚蓝指示剂的配制：称取 0.1g 溴酚蓝，加入 $0.05mol \cdot L^{-1}$ 氢氧化钠溶液 3.0mL 中，溶解，再加水稀释至 200mL 即可，其变色范围 pH 值为 2.8～4.6。

3. 在重结晶的时候加入 95％乙醇的量需要严格控制，二苯基乙二酮刚好完全溶解即可。抽滤瓶中液体转移时速度要快，防止液体在抽滤瓶中结晶。

4. 在成环反应过程中，15％氢氧化钠溶液加料采取分批滴加方式，并保持持续搅拌。

（本实训项目编写人：秦永华）

实训四十一　氧化锌纳米材料的制备及其应用研究（综合性实训）

一、实训目标

知识目标：

1. 掌握沉淀法制备氧化锌纳米材料的操作方法。

2. 掌握马弗炉及离心机的操作方法。

3. 掌握紫外灯、分光光度计的使用方法。

能力目标：

1. 能正确制备氧化锌纳米材料。

2. 能熟练使用马弗炉及离心机。

3. 能熟练使用紫外灯、分光光度计。

二、实训原理

纳米 ZnO 的粒径在 1～100nm，具有表面效应、小尺寸效应、量子效应和久保效应等。与普通 ZnO 相比，纳米 ZnO 展现出许多特殊的性能，如无毒和非迁移性、荧光性、压电性、高催化活性，还具有吸收和散射紫外线的能力。纳米 ZnO 具有各种各样的形貌，常见形貌有：纳米颗粒、纳米棒（线、带）、纳米管、纳米列阵、纳米晶须、纳米球等，特殊结构有四针状、纳米梳、纳米盘、纳米花、纳米弹簧等。在波长低于 387nm 的紫外光照射下，纳米 ZnO 可产生光致电子-空穴对，具有良好的光催化特性，可以通过光辅助催化作用破坏各种有机污染物，且其导带上的电子具有适中的还原能力，能将水中的重金属离子还原，而不会去除水中对人体有益的矿物质元素。

其降解机理为：ZnO 价带中的电子受一束能量大于或等于 ZnO 禁带宽度的光激发后，越过禁带到达导带，产生光生电子 e^- 和空穴 h^+，光生 e^--h^+ 移动过程中会再次在 ZnO 颗粒的内部和界面之间相遇并湮灭。如果在外界因素的影响下或捕获剂（e^- 或 h^+）存在下，光生 e^--h^+ 会被分离，分离的 e^- 和 h^+ 会迁移到 ZnO 表面，与其表面的水分子或空气中的氧气发生氧化还原反应，产生具有较强化学活性的活性氧物种（$\cdot OH$、$\cdot\,^1O_2$、$\cdot O_2^-$）。这些活性氧物种的氧化能力大于构成染料分子和微生物化学元素所形成化学键的键能。因此，这些强的活性氧能够直接将有机染料分子彻底降解为 CO_2 和 H_2O，或破坏有机物的结构，从而降解有机物。

纳米氧化锌的制备有固相法、气相法及液相法等多种手段，本实验采用液相法中的沉淀法进行制备。锌源采用硫酸锌，加入适量沉淀剂，充分搅拌均匀后，使溶液沉淀充分，离心过滤出沉淀后，去离子水反复冲洗。将产品放入干燥箱内充分干燥，然后再置于马弗炉中进行高温煅烧，即可得纳米氧化锌颗粒。

在紫外光照下，氧化锌可用于降解水体中常见的有机染料如罗丹明 B、亚甲基蓝、甲基橙等。以分光光度计测定体系吸光度，随着降解反应的进行，染料溶液的吸光度会下降。催化作用越强，吸光度降低越多。达到降解平衡后，通过降解前后溶液吸光度变化，可计算得降解反应的降解率。其计算公式为：

$$降解率 = \frac{A_0 - A}{A_0} \times 100\%$$

式中，A_0 为未降解时的吸光度；A 为降解一段时间后的吸光度。

三、仪器和试剂

仪器：恒温磁力搅拌器，电子天平，SHZ-D Ⅲ循环水真空泵，马弗炉，石英舟，磁子，布氏漏斗，水浴装置，离心机，400W 高压汞灯，紫外-可见分光光度计，烧杯等。

试剂：七水合硫酸锌，氢氧化钠，去离子水，无水乙醇，罗丹明 B。

四、实训步骤

1. 纳米氧化锌的制备

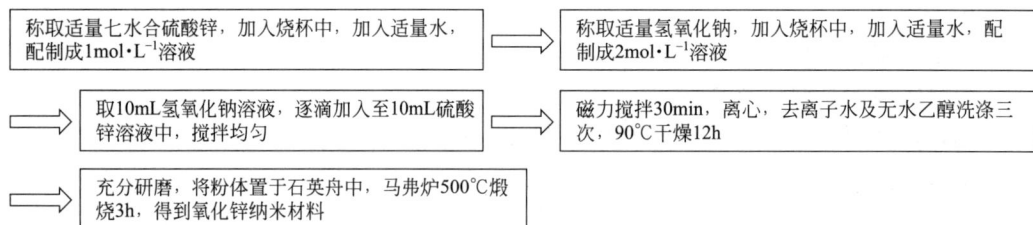

| 称取适量七水合硫酸锌，加入烧杯中，加入适量水，配制成1mol·L^{-1}溶液 | → | 称取适量氢氧化钠，加入烧杯中，加入适量水，配制成2mol·L^{-1}溶液 |

| → | 取10mL氢氧化钠溶液，逐滴加入至10mL硫酸锌溶液中，搅拌均匀 | → | 磁力搅拌30min，离心，去离子水及无水乙醇洗涤三次，90℃干燥12h |

| → | 充分研磨，将粉体置于石英舟中，马弗炉500℃煅烧3h，得到氧化锌纳米材料 |

2. 罗丹明 B 降解实验

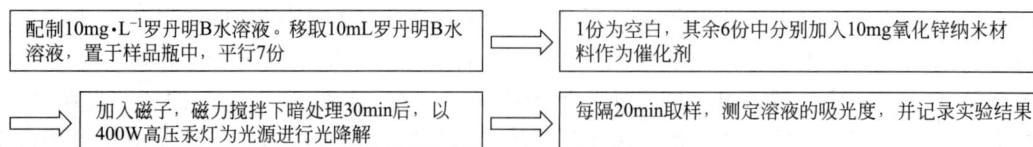

| 配制10mg·L^{-1}罗丹明B水溶液。移取10mL罗丹明B水溶液，置于样品瓶中，平行7份 | → | 1份为空白，其余6份中分别加入10mg氧化锌纳米材料作为催化剂 |

| → | 加入磁子，磁力搅拌下暗处理30min后，以400W高压汞灯为光源进行光降解 | → | 每隔20min取样，测定溶液的吸光度，并记录实验结果 |

五、数据记录与处理

1. 数据记录

制备数据表格：

试剂(或产品)	规格	质量(或体积)
七水合硫酸锌		
氢氧化钠		
去离子水		
无水乙醇		
氧化锌		

光降解吸光度数据表格：

最大吸收波长：_____

时间/min	罗丹明 B(空白)	罗丹明 B(含催化剂)	降解率/%
0			
20			
40			
60			
80			
100			
120			

2. 数据处理

称量氧化锌纳米材料的质量，填入表中。

记录不同时刻吸光度，填入表中。

计算降解率，填入表中。

六、问题思索

1. 每隔 20min 取样测定吸光度时，是否需要离心？若不离心，对测定结果有何影响？

2. 在降解实验中，为何要做空白试验？

3. 在光降解之前，一般需要在暗处进行处理，其原因是什么？

4. 有哪些方法可以测定制备所得纳米氧化锌的形貌特征？

七、注意事项

1. 使用离心机时应注意配重平衡。

2. 马弗炉的使用温度较高，实验时应注意安全，避免烫伤，且煅烧过程中应有专人值守。

3. 光降解反应中，环境光的存在对反应影响较大，故在实验中应尽量避免除反应光源外的其他光源对降解造成影响。

（本实训项目编写人：秦永华）

一、实训目标

熟悉硫酸铜含量的测定。

二、实训指导

① 重量分析法：加入 Ba^{2+} 与 SO_4^{2-} 形成沉淀，过滤，洗涤并灼烧至恒重，称量并计算硫酸铜的含量。

② 配位滴定法：加入过量 EDTA 与 Cu^{2+} 反应，用 Zn^{2+} 标准溶液返滴定过量的 EDTA，二甲酚橙作为指示剂。

③ 氧化还原滴定法：加入过量 KI 与 Cu^{2+} 反应生成 I_2，用硫代硫酸钠标准溶液滴定碘，指示剂为淀粉，计算硫酸铜含量。

④ 可见分光光度法：配制一系列标准溶液，测定其吸光度并绘出标准曲线。测定试样的吸光度，根据标准曲线，计算硫酸铜含量。

三、设计方案及要求

1. 样品预处理。

2. 选用合适条件，分别用重量分析法、配位滴定法、氧化还原滴定法、可见分光光度法测定胆矾中硫酸铜的含量。

四、注意事项

1. 重量分析法中注意对恒重概念的理解。

2. 配位滴定法中因为 Cu^{2+} 与 EDTA 反应速率较慢，因此采用回滴法，先加入过量定量的 EDTA，反应后剩余的 EDTA 用硫酸锌标准溶液回滴，根据所得 Cu^{2+} 的量从而得到硫酸铜的含量。

3. 氧化还原滴定法中采用间接碘量法测定硫酸铜的含量，注意淀粉指示剂在临近终点时滴加。另外在临近终点时加少量硫氰化钾可避免 CuI 对铜的吸附。

五、思考题

配位滴定法测定 Cu^{2+} 时，除了本实训用的二甲酚橙指示剂，还可以用什么指示剂？

（本实训项目编写人：戴静波）

一、实训目标

1. 掌握柱色谱法分离混合物的原理及操作技术。

2. 熟悉从植物中分离天然化合物的方法。

3. 熟悉萃取、分离等操作技术。

二、实训指导

绿色植物的叶子中有叶绿素、叶黄素和胡萝卜素等多种色素。叶绿素和胡萝卜素分子中含有较大的烃基而容易溶于醚和石油醚等非极性溶剂，叶黄素的分子中含有两个极性的羟基，较易溶于醇，在石油醚中溶解度较小。

本实训用蔬菜叶子为原料，用石油醚-乙醇混合溶剂萃取出色素，再用柱色谱法进行分离。柱色谱法分离时，先采用石油醚-丙酮混合溶剂，胡萝卜素极性小，随洗脱剂流动较快，先分离出来。再增加洗脱剂中丙酮的比例，叶黄素分子中有羟基，也随溶剂流出；最后叶绿素分子极性基团较多，可用正丁醇-乙醇-水混合溶剂将其洗脱。

三、设计方案及要求

1. 样品预处理（萃取、分离、洗涤和干燥）。
2. 选用柱色谱法对蔬菜中的植物色素进行分离。

四、注意事项

1. 色谱柱填装的好坏是实验的关键。
2. 可以选择韭菜、菠菜等绿叶蔬菜作为原料。
3. 石油醚易挥发、易燃，使用时注意防火。

五、思考题

1. 绿色植物中主要含有哪些天然色素？
2. 胡萝卜中的胡萝卜素含量较高，试设计合适的实验方案进行提取。

（本实训项目编写人：戴静波）

实训四十四 漂白粉中有效氯和总钙量的测定（设计性实训）

一、实训目标

1. 掌握间接碘量法和配位滴定法。
2. 了解样品的预处理。

二、实训指导

漂白粉由氯气与消石灰反应制得，主要成分为次氯酸钙、氯化钙等，可用作漂白剂，又可用作消毒剂。其中有效氯的含量和固体总钙量是影响产品质量的两个关键指标。

漂白粉的漂白能力是以有效氯的含量为指标，用有效氯的质量分数表示。在酸性条件下，次氯酸盐可定量地将 KI 氧化成 I_2，可采用 $Na_2S_2O_4$ 标准溶液滴定。

漂白粉中总钙量的测定用 EDTA 配位滴定法。

三、设计方案及要求

1. 样品预处理。
2. 漂白粉中有效氯的测定。
3. 漂白粉中总钙量的测定。

四、注意事项

1. 间接碘量法在近终点加淀粉指示剂。

2. 间接碘量法操作处理中需加入过量的 KI，保证有效成分完全反应。

3. 考虑到漂白粉中的次氯酸盐能使指示剂褪色，影响测定，在配位滴定前用一定的还原剂除去次氯酸盐。

五、思考题

碘量法中可能产生误差的原因有哪些？为了防止碘的挥发，应注意什么问题？

（本实训项目编写人：戴静波）

实训考核项目一　EDTA 标准溶液的配制与标定

一、实训目的

1. 掌握间接法配制 EDTA 标准溶液的原理和方法。

2. 熟悉铬黑 T（EBT）的配制方法、应用条件和终点颜色判断。

二、实训原理

用 ZnO 基准物标定，溶液酸度控制在 pH＝10 的 NH_3-NH_4Cl 缓冲溶液中，以铬黑 T(EBT) 作指示剂直接滴定。终点由红色变为纯蓝色。

三、试剂

1. EDTA 二钠盐（$Na_2H_2Y \cdot 2H_2O$）；

2. HCl（浓）溶液、HCl（1＋2）溶液；

3. 氨水（1＋1）；

4. NH_3-NH_4Cl 缓冲溶液（pH＝10）：称取固体 NH_4Cl 5.4g，加水 20mL，加浓氨水 35mL，溶解后，用水稀释至 100mL，摇匀备用；

5. 铬黑 T：称取 0.25g 固体铬黑 T、2.5g 盐酸羟胺，用 50mL 无水乙醇溶解；

6. 基准试剂氧化锌：ZnO 基准物质在 900℃灼烧至恒重。

四、实训步骤

（一）配制 EDTA 溶液（$0.02mol \cdot L^{-1}$）

称取分析纯 $Na_2H_2Y \cdot 2H_2O$ 3.7g，溶于 300mL 水中，加热溶解，冷却后转移至试剂瓶中，稀释至 500mL，充分摇匀，待标定。

（二）标定 EDTA 溶液

以 ZnO 为基准物质标定 EDTA。

1. Zn^{2+} 标准溶液的配制：$c(Zn^{2+})＝0.02mol \cdot L^{-1}$

ZnO 配制 Zn^{2+} 标准溶液：准确称取基准物质 ZnO 0.4g，溶于 2mL 浓 HCl 溶液和 25mL 水中，必要时加热促其溶解，定量转入 250mL 容量瓶中，稀释至刻度，摇匀。

$$c(Zn^{2+})＝\frac{m(ZnO)}{M(ZnO) \times 250 \times 10^{-3}}$$

式中 $c(Zn^{2+})$——Zn^{2+} 标准溶液的浓度，mol·L^{-1}；

$\quad\quad$ $m(ZnO)$——基准物质 ZnO 的质量，g；

$\quad\quad$ $M(ZnO)$——基准物质 ZnO 的摩尔质量，g·mol^{-1}。

2. 标定 EDTA

铬黑 T 作指示剂。

用移液管移取 25.00mL Zn^{2+} 标准溶液于 250mL 锥形瓶中，加 20mL 水，滴加氨水（1＋1）至刚出现浑浊，此时 pH 值约为 8，然后加入 10mL NH$_3$-NH$_4$Cl 缓冲溶液，加入铬黑 T 指示液 4 滴，用待标定的 EDTA 溶液滴定，当溶液由红色变为纯蓝色即为终点，记下 EDTA 体积。平行滴定 3 次，取平均值计算 EDTA 溶液的准确浓度。

五、计算公式

$$c(EDTA)=\frac{c(Zn^{2+})\times V(Zn^{2+})}{V(EDTA)}$$

式中 $c(EDTA)$——EDTA 标准溶液浓度，mol·L^{-1}；

$\quad\quad$ $c(Zn^{2+})$——Zn^{2+} 标准溶液的浓度，mol·L^{-1}；

$\quad\quad$ $V(Zn^{2+})$——Zn^{2+} 标准溶液的体积，L；

$\quad\quad$ $V(EDTA)$——滴定时消耗 EDTA 标准溶液的体积，L。

六、注意事项

1. 以基准物质配制 Zn^{2+} 标准溶液时，要使基准物质溶解完全，且要全部转移至容量瓶中；

2. 滴加氨水（1＋1）调整溶液酸度时要逐滴加入，且边加边摇动锥形瓶，防止滴加过量，以出现浑浊为限。滴加过快时，可能会使浑浊立即消失，误以为还没有出现浑浊；

3. 加入 NH$_3$-NH$_4$Cl 缓冲溶液后应尽快滴定，不宜放置过久。

实训考核报告单

姓名		准考证号	
操作台号		时间	
考评员签名		审核员签字	
滴定管号		温度/℃	
配制体积/mL	250	EDTA 预期浓度/(mol·L^{-1})	0.02
ZnO 摩尔质量	81.38	待标溶液代号	

项目　　　　测定次数			
取样前称量瓶质量/g			
取样后称量瓶质量/g			
基准物质量/g			
氧化锌浓度/mol·L^{-1}			
空白消耗 EDTA 体积/mL			
标定 EDTA 体积/mL			
温度修正值/mL			
校正后 EDTA 体积/mL			
EDTA 浓度/(mol·L^{-1})			
EDTA 平均浓度/mol·L^{-1}			
相对极差/%			

数据处理（各步需写出公式和计算过程）：

1. 计算氧化锌浓度；
2. 计算 EDTA 浓度；
3. 计算 EDTA 平均浓度；
4. 计算相对极差。

实训考核评分表

姓名_____ 班级_____ 考核日期_____

项目	序号	考核内容	分值	扣分标准与说明	扣分	得分
分析天平称量（12分）	1	天平检查、托盘清扫	1	天平未检查或托盘未清扫，每项扣1分		
	2	准确加减砝码	1	砝码选择不正确，扣1分		
	3	称样量范围	2	称样量在规定量内不扣分，超过±5%，一次性扣2分		
	4	重称	2	每重称一次扣2分，扣分可累加，无上限		
	5	称样总时间	4	每个样超过4min扣2分，超过8min扣4分		
	6	称量结束工作	2	试剂未归位、托盘未清理、天平门未关闭、凳子未归位、未做使用记录，出现任何一项一次性扣2分		
定容移取滴定（22分）	7	溶液的定量转移	2	烧杯搅拌操作不当、洗涤不足、稀释超刻度，出现任何一项一次性扣2分		
	8	容量瓶操作	3	总体积3/4处未平摇、标线下0.5～1cm处未放置、未充分摇匀，每项扣1分		
	9	移液管润洗	1	洗涤使用溶液过多，润洗方法不正确，洗涤不足三次，一次性扣1分		
	10	移液管操作	3	移液管插入溶液前或调节液面前未用纸擦拭管尖部，吸空，插入溶液过深或过浅，不垂直，未停留15～20s，每项扣1分		
	11	滴定速度6～8mL/min	2	液滴连成线，每次扣1分		
	12	滴定管读数	2	姿势不正确，扣2分		
	13	滴定终点	4	超过终点，每次扣2分		
	14	滴定管尖无气泡	2	出现气泡，每次扣1分		
	15	熟练进行1/2滴操作	3	1/2滴控制不熟练，每次扣1分		
原始数据记录、处理及报告（14分）	16	原始记录	5	数据记录不及时、不规范、不用仿宋体或有涂改，每项扣1分		
	17	有效数字	3	有效数字位数不正确，每次扣1分		
	18	检验报告	6	项目齐全、卷面整洁、有签名，否则酌情扣分		
结果计算（42分）	19	公式正确	5	公式应用不正确，扣5分		
	20	计算准确	5	计算错误，扣5分		
	21	精密度	20	相对极差≤0.2%不扣分；0.2%（不含）～1.0%（含，下同）扣5分；1.0%～3.0%扣10分；3.0%～5%扣20分；超过5%技能考核不及格		
	22	准确度	12	相对误差≤0.2%不扣分；0.2%～1.0%扣5分；1.0%～2.0%扣10分；超过2.0%扣12分（可疑值合理取舍后，取本组浓度平均值作为真实值）		

続表

项目	序号	考核内容	分值	扣分标准与说明	扣分	得分
实验时间 (6分)	23	开始时间： 结束时间： 实验总时间：	6	2h内完成不扣分,每超过5min扣1分,超过2.5h技能考核不及格		
文明操作 (4分)	24	台面整洁、废液处理、结束工作	4	实训过程台面乱,实训结束未清洗仪器或试剂,物品未归位,废液处理不得当,每项扣1分		
总成绩						
考评员签字						

（本实训项目编写人：田宗明）

实训考核项目二　邻二氮菲分光光度法测定微量铁

一、仪器与试剂

1. 仪器

可见分光光度计一台，100mL容量瓶11个，50mL量筒，10mL吸量管1支，5mL吸量管3支，2mL吸量管1支，1mL吸量管1支。

2. 试剂

①铁标准储备液（200.00μg·mL^{-1}）；②铁标准溶液（20.00μg·mL^{-1}）：移取200.00μg·mL^{-1}铁标准储备液10.00mL于100mL容量瓶中，并用蒸馏水稀释至标线，摇匀；③抗坏血酸溶液；④邻二氮菲溶液；⑤缓冲溶液。

二、实训内容与操作步骤

1. 准备工作
① 清洗容量瓶、移液管及需用的玻璃器皿。
② 配制铁标准溶液和其他辅助试剂。
③ 按仪器使用说明书检查仪器，预热20min，并调试至工作状态。
④ 检查吸收池的配套性。

2. 配制标准系列溶液

在序号1~7的洁净的100mL容量瓶中，各加入20.00μg·mL^{-1}铁标准溶液0.00mL、2.00mL、4.00mL、6.00mL、8.00mL、10.00mL、6.00mL（取6.00mL溶液的可多配制一瓶，用于绘制吸收曲线时使用），然后分别加入1mL抗坏血酸溶液、10mL邻二氮菲溶液、20mL缓冲溶液，用蒸馏水稀释至标线，摇匀。

3. 绘制吸收曲线、选择测量波长

取上述配制的7号溶液（含6mL铁标准溶液），用2cm吸收池，以空白试剂（序号为1号溶液）为参比，在440~540nm，每隔10nm测量一次吸光度值。在峰值附近每隔2nm再测量多个吸光度。以波长为横坐标，吸光度为纵坐标，绘制吸收曲线，确定λ_{max}。要求总测量点不少于13个。

4．工作曲线的绘制

取上述 2～6 号溶液，在波长 λ_{max} 处，用 2cm 吸收池，以空白试剂（1 号）为参比溶液，在选定的波长下测吸光度值，并记录 $A_{校正}$。绘制工作曲线。

5．铁含量测定

取 3 个洁净的 100mL 容量瓶，分别加入适量含铁未知试液（以测定的 A 落在工作曲线中部为宜），按步骤 2 显色，测量吸光度并记录。

三、实训记录和数据处理

1．绘制吸收曲线，找出最大吸收波长；

2．绘制工作曲线，查出未知试样铁含量；

3．计算原始试样铁含量和平均铁含量；

4．计算相对平均偏差。

实训考核报告单

姓名_____　　班级_____　　学号_____　　分值_____

1．吸收曲线绘制

吸收曲线名称：_____；被测标准溶液浓度：_____

吸收池配套性检查：（1）$T=100\%$　　（2）$T=$_____，可以配套使用

λ/nm											
A											
λ/nm											
A											

选取的测量波长：_____

2．测定试样

① 标准曲线的绘制

溶液号	吸取标液体积/mL	$\rho/\mu g\cdot mL^{-1}$	$A_{校正}$
0			
1			
2			
3			
4			
5			
6			
7			

② 未知物含量的测定

平行测定次数	1	2	3
测得吸光度 $A_{校正}$			
查得的浓度/$\mu g \cdot mL^{-1}$			
原始试液浓度/$\mu g \cdot mL^{-1}$			
原始试液平均浓度/$\mu g \cdot mL^{-1}$			
相对平均偏差/%			

3. 数据处理

① 绘制吸收曲线；

② 绘制标准曲线；

③ 计算未知样平均浓度；

④ 计算相对平均偏差。

（粘贴曲线）

实训考核评分表

实验操作部分：

项目		考核内容		记录	备注	分值	扣分
显色操作	15分	移液操作	规范		按化学技能扣分标准执行	5	
			不规范				
		显色步骤	正确			2	
			不正确				
		定容操作	规范		按化学技能扣分标准执行	5	
			不规范				
		失败的操作	有		重新配制溶液	3	
			无				
准备工作	4分	测量前仪器预热	进行			2	
			未进行				
		通电后打开暗箱盖	已开		光闸放入光路	1	
			未开				
		调"0""100"操作	会			1	
			不会				
比色皿使用	4分	比色皿执法	正确			1	
			错误				
		比色皿光面的揩拭方法	正确			1	
			错误				
		注液的高度	皿高 2/3～4/5			1	
			过高或过低				
		比色皿校正	校正			1	
			未校正				

项目		考核内容		记录	备注	分值	扣分
光度测量操作	6分	用待测液润洗比色皿	已润洗			1	
			未洗				
		测量顺序	由浅至深			1	
			随意				
		比色皿放置	沿光路方向			1	
			随意				
		测量过程重校"0""100"	校		波长改变	1	
			未校				
		非测量状态打开暗箱盖	开		光闸未放入光路	2	
			未开				
文明操作	4分	清洗玻璃仪器、放回原处,清理台面	已进行		乱扔废纸、乱倒废液	2	
			未进行				
		实验结束工作	已进行		比色皿清洗,仪器关机	2	
			未进行				

数据记录及处理部分:

项目		考核内容		记录	备注	分值	扣分
记录与报告	6分	原始记录填写格式	规范			1	
			不规范				
		原始记录填写内容	完整			1	
			不完整				
		原始数据记录	及时、合理		涂改、拼凑者取消资格	2	
			不符要求				
		报告单	规范、正确		无报告单者扣5分	2	
			不规范、错误				
数据处理	40分	工作曲线绘制方法	正确			5	
			不正确				
		吸收曲线绘制	正确		光滑、无折点	5	
			不正确				
		工作曲线线性相关系数(小于0.999技能考核不及格)	很好		大于0.99999	15	
			好		大于0.9999	10	
			一般		大于0.999	5	
			不好		小于0.999	0	
		图上注明项目	全项注明		缺一项扣0.5分	2	
			未注或缺项				
		工作曲线使用方法	正确			1	
			不正确				
		计算公式	正确			2	
			不正确				
		计算结果	正确			10	
			不正确				

项目		考核内容		记录	备注	分值	扣分
结果评价	21分	结果准确度相对标准偏差	好		小于2%	15	
			较好		2%～3%	10	
			一般		3%～5%	5	
			较差		5%～7%	3	
			差		大于7%	0	
		完成时间120min，每超出5min扣1分	开始时间		超过150min技能考核不及格	6	
			结束时间				
			实用时间				

考评员_____   审核员_____   日期_____

（本实训项目编写人：田宗明）

附　录

附录 1　常见化合物的摩尔质量

化合物	$M/\text{g} \cdot \text{mol}^{-1}$	化合物	$M/\text{g} \cdot \text{mol}^{-1}$
$AgBr$	187.77	$FeCl_3$	162.21
$AgCl$	143.32	FeO	71.846
AgI	234.77	Fe_2O_3	159.69
$AgNO_3$	169.87	$Fe(OH)_3$	106.87
Al_2O_3	101.96	H_3BO_3	61.83
$Al(OH)_3$	78.00	HCl	36.461
$AgBr$	187.77	$HClO_4$	100.46
As_2O_3	197.84	HNO_3	63.01
As_2O_5	246.02	H_2O	18.016
$BaCO_3$	197.34	H_2O_2	34.02
$BaCl_2 \cdot 2H_2O$	244.27	H_3PO_4	97.995
$BaSO_4$	233.39	H_2SO_4	98.07
$CaCO_3$	100.09	$HCOOH$	46.03
CaC_2O_4	128.10	CH_3COOH	60.05
CaO	56.08	$H_2C_2O_4 \cdot 2H_2O$	126.07
CO_2	44.01	I_2	253.81
$Ca(OH)_2$	74.09	K_2CO_3	138.21
CuO	79.545	K_2CrO_4	194.19
Cu_2O	143.09	$K_2Cr_2O_7$	294.18
$CuSO_4 \cdot 5H_2O$	249.68	$KHC_2O_4 \cdot H_2O$	146.15

化合物	$M/\text{g} \cdot \text{mol}^{-1}$	化合物	$M/\text{g} \cdot \text{mol}^{-1}$
$KHC_8H_4O_4$（KHP）	204.22	$NaHCO_3$	84.01
KI	166.00	$Na_2HPO_4 \cdot 12H_2O$	358.14
KIO_3	214.00	Na_3PO_4	163.94
$KMnO_4$	158.03	$NaNO_2$	68.995
KNO_3	101.10	$NaOH$	40.00
KOH	56.11	$Na_2S_2O_3$	158.10
$KAl(SO_4)_2 \cdot 12H_2O$	474.41	$Na_2S_2O_3 \cdot 5H_2O$	248.17
KBr	119.00	NH_3	17.03
KCl	74.551	$NH_3 \cdot H_2O$	35.045
$KClO_4$	138.55	NH_4Cl	53.491
$MgCl_2$	95.21	$(NH_4)_2SO_4$	132.13
$MgSO_4 \cdot 7H_2O$	246.49	$NH_4Fe(SO_4)_2 \cdot 12H_2O$	482.18
$MgNH_4PO_4 \cdot 6H_2O$	245.41	NH_4SCN	76.12
MgO	40.30	$PbCrO_4$	323.19
$MgCl_2$	95.21	PbC_2O_4	295.22
$Mg(OH)_2$	58.32	P_2O_5	141.94
$Mg_2P_2O_7$	222.55	$Pb(CH_3COO)_2$	325.29
$Na_2B_4O_7$	201.22	$Pb(NO_3)_2$	331.20
$Na_2B_4O_7 \cdot 10H_2O$	381.42	PbO	223.20
$NaBr$	102.89	SO_3	80.06
$NaCl$	58.443	SO_2	64.06
$NaClO$	74.442	SiO_2	60.08
Na_2CO_3	105.99	$SnCl_2$	189.62
$Na_2CO_3 \cdot 10H_2O$	286.14	ZnO	81.38
$Na_2B_4O_7 \cdot 10H_2O$	381.42	$ZnSO_4 \cdot 7H_2O$	287.57
$Na_2C_2O_4$	134.00	$(CH_3COO)_2Zn \cdot 2H_2O$	219.51

附录 2　常用基准物的干燥条件与应用

基准物质	干燥条件	标定对象
$AgNO_3$	280～290℃干燥至恒重	卤化物、硫氰酸盐
As_2O_3	室温干燥器中保存	I_2
$CaCO_3$	110～120℃保持2h，干燥器中冷却	EDTA
$KHC_8H_4O_4$（邻苯二甲酸氢钾）	110～120℃干燥至恒重，干燥器中冷却	$NaOH$、$HClO_4$
KIO_3	120～140℃保持2h，干燥器中冷却	$Na_2S_2O_3$
$K_2Cr_2O_7$	140～150℃保持3～4h，干燥器中冷却	$FeSO_4$，$Na_2S_2O_3$
$NaCl$	500～600℃保持50min，干燥器中冷却	$AgNO_3$
$Na_2B_4O_7 \cdot 10H_2O$	含$NaCl$-蔗糖饱和溶液的干燥器中保存	HCl，H_2SO_4
Na_2CO_3	270～300℃保持50min，干燥器中冷却	HCl，H_2SO_4
$Na_2C_2O_4$（草酸钠）	130℃保持2h，干燥器中冷却	$KMnO_4$
Zn	室温干燥器中保存	EDTA
ZnO	900～1000℃保持50min，干燥器中冷却	EDTA

附录 3　常用缓冲溶液的配制

缓冲溶液组成	pK_a	缓冲溶液的 pH 值	缓冲溶液配制方法
氨基乙酸-HCl	2.35（pK_{a1}）	2.3	氨基乙酸150g溶于500mL水中，加浓盐酸80mL，用水稀释至1L
H_3PO_4-柠檬酸盐		2.5	$Na_2HPO_4 \cdot 12H_2O$ 113g溶于200mL水后，加柠檬酸387g，溶解，过滤后，加水稀释至1L
一氯乙酸-NaOH	2.86	2.8	200g一氯乙酸溶于200mL水中，加 NaOH 40g溶解后，加水稀释至1L
邻苯二甲酸氢钾-HCl	2.95（pK_{a1}）	2.9	500g邻苯二甲酸氢钾溶于500mL水中，加浓盐酸80mL，加水稀释至1L
甲酸-NaOH	3.76	3.7	95g甲酸和 NaOH 40g 置于500mL水中，溶解，加水稀释至1L
NH_4Ac-HAc		4.5	NH_4Ac 77g溶于200mL水中，加乙酸59mL，稀释到1L
NaAc-HAc	4.74	4.7	无水 NaAc 83g溶于水中，加乙酸60mL，加水稀释至1L
NaAc-HAc	4.74	5.0	无水 NaAc 160g溶于水中，加乙酸60mL，稀释至1L
NH_4Ac-HAc		5.0	NH_4Ac 250g溶于200mL水中，加乙酸25mL，加水稀释至1L
六亚甲基四胺-HCl	5.15	5.4	六亚甲基四胺 40g 溶于200mL水中，加浓盐酸10mL，加水稀释至1L

缓冲溶液组成	pK_a	缓冲溶液的 pH 值	缓冲溶液配制方法
NH₄Ac-HAc		6.0	NH₄Ac 600g 溶于 200mL 水中,加乙酸 20mL,加水稀释至 1L
NaAc-H₃PO₄ 盐		8.0	无水 NaAc 50g 和 Na₂HPO₄·12H₂O 50g,溶于水中,加水稀释至 1L
NH₃-NH₄Cl	9.26	9.2	NH₄Cl 54g 溶于水中,加浓氨水 63mL,加水稀释至 1L
NH₃-NH₄Cl	9.26	10.0	NH₄Cl 54g 溶于水中,加浓氨水 350mL,加水稀释至 1L

附录4 市售酸碱试剂的浓度、含量及密度

试剂	浓度/mol·L⁻¹	含量/%	密度/g·mL⁻¹
乙酸	6.2~6.4	36.0~37.0	1.04
纯乙酸		99.8(GR)、99.5(AR)、99.0(CP)	1.05
氨水	12.9~14.8	25~28	0.88
盐酸	11.7~12.4	36~38	1.18~1.19
氢氟酸	27.4	40.0	1.13
硝酸	14.4~15.2	65~68	1.39~1.40
高氯酸	11.7~12.5	70.0~72.0	1.68
磷酸	14.6	85.0	1.69
硫酸	17.8~18.4	95~98	1.83~1.84

附录5 常用指示剂及其配制

一、酸碱滴定常用指示剂及其配制

指示剂名称	变色 pH 值范围	颜色变化	pK_{HIn}	浓度配制
百里酚蓝(第一次变色)	1.2~2.8	红→黄	1.6	0.1g 指示剂溶于 100mL 20%乙醇中
甲基黄	2.9~4.0	红→黄	3.3	0.1g 指示剂溶于 100mL 90%乙醇中
甲基橙	3.1~4.4	红→黄	3.4	0.1%水溶液
甲基红	4.4~6.2	红→黄	5.2	0.1g 或 0.2g 指示剂溶于 100mL 60%乙醇中
溴甲酚绿	3.8~5.4	黄→蓝	4.9	0.1g 指示剂溶于 100mL 20%乙醇中
溴百里酚蓝	6.0~7.6	黄→蓝	7.3	0.05g 指示剂溶于 100mL 20%乙醇中
中性红	6.8~8.0	红→橙黄	7.4	0.1g 指示剂溶于 100mL 60%乙醇中
百里酚酞	9.4~10.6	无色→蓝	10.0	0.1g 指示剂溶于 100mL 90%乙醇中
百里酚蓝(第二次变色)	8.0~9.6	黄→蓝	8.9	0.1g 指示剂溶于 100mL20%乙醇中

指示剂名称	变色pH值范围	颜色变化	pK_{HIn}	浓度配制
酚酞	8.2～10.0	无色→紫红	9.1	0.1g指示剂溶于100mL 60％乙醇中
百里酚酞	9.4～10.6	无色→蓝	10.0	0.1g指示剂溶于100mL 90％乙醇中

二、常见的混合指示剂

指示剂溶液的组成	配制比例	变色点pH值	颜色		备注
			酸色	碱色	
1g/L 甲基黄乙醇溶液 1g/L 亚甲基蓝乙醇溶液	1＋1	3.25	蓝紫	绿	pH值3.4绿色 pH值3.2蓝紫色
1g/L 甲基橙水溶液 2.5g/L 靛蓝二磺酸水溶液	1＋1	4.1	紫	蓝绿	
1g/L 溴甲酚绿乙醇溶液 2g/L 甲基红乙醇溶液	3＋1	5.1	酒红	绿	
1g/L 溴甲酚绿钠盐水溶液 1g/L 氯酚红钠盐水溶液	1＋1	6.1	黄绿	蓝紫	pH值5.4蓝绿色;pH值5.8蓝色;pH值6.0蓝带紫;pH值6.2蓝紫
1g/L 中性红乙醇溶液 1g/L 亚甲基蓝乙醇溶液	1＋1	7.0	蓝紫	绿	pH值7.0紫蓝
1g/L 甲酚红钠盐水溶液 1g/L 百里酚蓝钠盐水溶液	1＋3	8.3	黄	紫	pH值8.2玫瑰红;pH值8.3灰;pH值8.4紫
1g/L 百里酚蓝 50％乙醇溶液 1g/L 酚酞 50％乙醇溶液	1＋3	9.0	黄	紫	由黄到绿再到紫
1g/L 百里酚蓝乙醇溶液 1g/L 茜素黄乙醇溶液	2＋1	10.2	黄	紫	

三、常用沉淀及金属指示剂

名称	颜色		配制方法
	游离态	化合态	
铬酸钾	黄	砖红	5％水溶液
铁铵矾(40％)(硫酸铁铵)	无色	血红	$NH_4Fe(SO_4)_2 \cdot 12H_2O$ 饱和水溶液,加数滴浓 H_2SO_4 溶液
荧光黄(0.5％)	绿色荧光	玫瑰红	0.5g荧光黄溶于乙醇,并用乙醇稀释至100mL
曙红	橙	深红	0.1％乙醇溶液(或0.5％钠盐水溶液)

名称	颜色		配制方法
	游离态	化合态	
铬黑 T	蓝	酒红	0.1g 铬黑 T 和 10g 氯化钠,研磨均匀;0.2g 铬黑 T 溶于 15mL 三乙醇胺及 5mL 甲醇中
二甲酚橙(XO)	黄	紫红	0.1%水溶液
钙指示剂	蓝	红	0.1g 钙指示剂和 10g 氯化钠,研磨均匀
吡啶偶氮萘酚(PAN)(0.2%)	黄	红	0.2g PAN 溶于 100mL 乙醇中

附录 6　常见阴阳离子鉴定方法

离子	鉴定方法
Ag^+	取 2 滴试液,加入 2 滴 $2mol \cdot L^{-1}$ HCl。若有白色沉淀,离心分离,取沉淀,滴加 $6mol \cdot L^{-1}$ $NH_3 \cdot H_2O$,使沉淀溶解,再加 $6mol \cdot L^{-1}$ HNO_3 酸化,白色沉淀又出现,表示有 Ag^+ 存在
NH_4^+	取 1 滴试液置于表面皿上,加 $6mol \cdot L^{-1}$ $NH_3 \cdot H_2O$ 使其显碱性,迅速用另一个粘有一小块湿润 pH 试纸的表面皿盖上,置于水浴中加热,pH 试纸变蓝色,表示有 NH_4^+ 存在
Ca^{2+}	取试液加饱和草酸铵溶液,如有白色沉淀,表示有 Ca^{2+} 存在
Al^{3+}	取 2 滴试液,分别加 $4\sim5$ 滴水、2 滴 $2mol \cdot L^{-1}$ HAc 和 2 滴铝试剂,振荡,置于 70℃ 水浴上加热片刻,滴加 $1\sim2$ 滴氨水,出现红色絮状沉淀,表示有 Al^{3+} 存在
Fe^{3+}	取 2 滴试液于点滴板上,加 2 滴硫氰酸铵溶液,有血红色;或取 1 滴试液于点滴板上,加 1 滴 $K_4[Fe(CN)_6]$ 溶液,有蓝色沉淀,表示有 Fe^{3+} 存在
Fe^{2+}	取 2 滴试液于点滴板上,加铁氰化钾溶液,生成蓝色沉淀,表示有 Fe^{2+} 存在
Cr^{3+}	取 2 滴试液,加入 1 滴 $6mol \cdot L^{-1}$ NaOH,生成沉淀,继续加入 NaOH 溶液至沉淀溶解,再滴加 3 滴 3% H_2O_2 溶液,加热,溶液变黄色,表明有 CrO_4^{2-}。继续加热,除去 H_2O_2,冷却,用 $6mol \cdot L^{-1}$ HAc 酸化,加 2 滴 $0.1mol \cdot L^{-1}$ $Pb(NO_3)_2$ 溶液,有黄色沉淀,表示有 Cr^{3+} 存在
Zn^{2+}	取 2 滴试液,加 5 滴 NaOH 和 10 滴二苯硫腙,振荡,置于水浴中加热,显粉红色,表示有 Zn^{2+} 存在
Mn^{2+}	取 1 滴试液,加入数滴 $6mol \cdot L^{-1}$ HNO_3 溶液,再加入 $NaBiO_3$ 固体,溶液变为紫色,表示有 Mn^{2+} 存在
Pb^{2+}	取 2 滴试液,加 2 滴 $0.1mol \cdot L^{-1}$ K_2CrO_4 溶液,有黄色沉淀,表示有 Pb^{2+} 存在
Ni^{2+}	取 1 滴供试液于点滴板上,加 2 滴丁二酮肟试剂,生成鲜红色沉淀,表示有 Ni^{2+} 存在
Co^{2+}	取 2 滴试液,加入 0.5mL 丙酮,再加入饱和硫氰酸铵溶液,显蓝色,表示有 Co^{2+} 存在
Cd^{2+}	在定量滤纸上,加 1 滴 $0.2g \cdot L^{-1}$ 镉试剂,烘干,再加 1 滴供试液,烘干,加 1 滴 $2mol \cdot L^{-1}$ KOH,则斑点呈红色,表示有 Cd^{2+} 存在
Cu^{2+}	取 1 滴试液于点滴板上,加 1 滴 $K_4[Fe(CN)_6]$ 溶液,有棕红色沉淀;或取 5 滴试液,加氨水,有蓝色沉淀,再加过量氨水,沉淀溶解,产生蓝色溶液,表示有 Cu^{2+} 存在

离子	鉴定方法
$S_2O_3^{2-}$	取 2 滴试液,加入 2 滴 2mol·L^{-1} HCl,加热,有白色或浅黄色浑浊出现;或取 2 滴试液,加入 0.1mol·L^{-1} $AgNO_3$ 溶液,振摇,放置片刻,白色沉淀迅速变黄、变棕、变黑,表示有 $S_2O_3^{2-}$ 存在
SO_3^{2-}	取 2 滴试液于点滴板上,加入 2 滴 2mol·L^{-1} HCl,加 1 滴品红试剂,褪色,表示有 SO_3^{2-} 存在
PO_4^{3-}	取 2 滴试液,加入 8~10 滴饱和钼酸铵试剂,有黄色沉淀生成,表示有 PO_4^{3-} 存在
S^{2-}	取试液加酸,用湿润 $Pb(Ac)_2$ 试纸检验气体,显黑色,表示有 S^{2-} 存在
NO_3^-	取 2 滴试液于点滴板上,加 1 粒 $FeSO_4·H_2O$ 固体,加入 2 滴浓硫酸,片刻,固体外表有棕色,表示有 NO_3^- 存在

（附录编写人：张雅娟）

参 考 文 献

［1］ 孙微微，张海玲．分析化学实训．北京：化学工业出版社，2013.
［2］ 陈三平，崔斌．基础化学实验．北京：科学出版社，2011.
［3］ 郭戎，史志祥．分析化学实验．北京：科学出版社，2013.
［4］ 魏祖期．基础化学实验．北京：人民卫生出版社，2005.
［5］ 严拯宇，杜迎翔．分析化学实验与指导．3版．北京：中国医药科技出版社，2015.
［6］ 王玉婷．分析化学实验．北京：中国医药科技出版社，2013.
［7］ 袁书玉，李兆陇，尉京志，等．现代化学实验基础．北京：清华大学出版社，2006.
［8］ 蔡自由，钟国清．基础化学实训教程．2版．北京：科学出版社，2016.
［9］ 方国女，王燕，周其镇．基础化学实验（Ⅰ）．2版．北京：化学工业出版社，2005.
［10］ 国家药典委员会．中华人民共和国药典二部．北京：化学工业出版社，2015.
［11］ 张拴，赵忠孝．化学实验基本技能与实训．西安：陕西科学技术出版社，2014.